U0351472

书是捧在手里的梦想

洛巴托

发明的故事

［巴西］洛巴托 / 著　李淑廉　翁怡兰 / 译　猫十六 / 绘

·彩图版·

新世界出版社
NEW WORLD PRESS

图书在版编目（CIP）数据

洛巴托发明的故事：彩图版 /（巴西）洛巴托著；
李淑廉，翁怡兰译；猫十六绘 . -- 北京：新世界出版
社，2020.8（2023.8 重印）

ISBN 978-7-5104-7028-8

Ⅰ . ①洛… Ⅱ . ①洛… ②李… ③猫… Ⅲ . ①创造发
明—儿童读物 Ⅳ . ① N19-49

中国版本图书馆 CIP 数据核字（2020）第 071321 号

洛巴托发明的故事：彩图版

作　　者：（巴西）洛巴托
译　　者：李淑廉　翁怡兰
绘　　者：猫十六
责任编辑：贾瑞娜
特约编辑：王　蕊　张晨曦　李　冉
责任校对：宣　慧
责任印制：王宝根　胡星星
出版发行：新世界出版社
社　　址：北京西城区百万庄大街 24 号（100037）
发行部：（010）6899 5968 　（010）6899 8705（传真）
总编室：（010）6899 5424 　（010）6832 6679（传真）
http://www.nwp.cn　 http://www.nwp.com.cn
版权部：+8610 6899 6306
版权部电子信箱：frank@nwp.com.cn
印刷：艺堂印刷（天津）有限公司
经销：新华书店
开本：710mm×1000mm　 1/16
字数：130 千字　 印张：9
版次：2020 年 8 月第 1 版　 2023 年 8 月第 4 次印刷
书号：ISBN 978-7-5104-7028-8
定价：46.80 元

嗨，这里是黄啄木鸟庄园！

本塔奶奶

博学、睿智的老奶奶，却比二十岁的年轻人还富有朝气。在原作中，洛巴托称这位智慧、可爱的奶奶为"Dona"，意思是贵夫人，太太，这是巴西人对贵族的尊称，洛巴托以此表达自己对奶奶的尊敬。

娜斯塔霞婶婶

没上过学，但能做出美味的食物，是庄园里地地道道的美食家。

老玉米子爵

全世界最博学的玉米棒，却经常被一个布娃娃欺负。

小佩德罗

本塔奶奶的外孙，他敢去打美洲豹，却害怕胡蜂。

布娃娃艾米莉亚

因为吃了神奇药丸，她居然开口说话了！

小鼻子

本塔奶奶的孙女，其实她叫"卢西亚"，因为鼻子高高翘起，大家都喊她"小鼻子"。

目 录

天空是个大南瓜？

本塔奶奶喜欢购买最新的科学、文学、艺术方面的书籍，她是个有着强烈求知欲的老人，虽然看起来年纪不小，但她比二十岁的年轻人还富有朝气。

二月份阴雨绵绵，连家门也出不去，她决定把刚收到的一本书当故事讲给孩子们听。

"我这里有一本美国学者房龙的书。"本塔奶奶说，"他写了许多有趣的书，我已经给你们讲过他的《地理的故事》，今天我要讲的是《发明的故事》。"

书很厚，书皮是蓝色的，里面有许多作者的插图。孩子们高兴地围坐在本塔奶奶的身旁。

"这不是一本为孩子们写的书，"她说，"我要用通俗的语言讲给你们听，有不懂的地方就提出来。我们从序言开始。"

"什么是序言？"艾米莉亚问。

　　"序言是作者在书的开头所做的一些说明，
也有的序言是别人写的。房龙在《序言》中说古代
的一切都是简单的……"

　　"一切指什么？"小佩德罗问。

　　"就是对世界的解释。那时人们说地球是宇宙的中心，天
空像个蓝色透明的南瓜；晚上，天使们挖开一个个小洞偷看大
地，那一个个的洞就是星星。总之，一切对世界的解释都是简
单的。

　　后来，事情变得复杂起来。波兰一位叫哥白尼的学者出了一
本书，说地球不是固定不动的，而是围着太阳转圈；说星星也不
是天使打的小洞，而是许多很大的太阳，在它们的周围又有许多
像地球一样的星球。

　　他的书在当时引起了很大的思想混乱，但是，他胜利了，现在大家都不再怀疑他的学说。

　　天体科学继续发展，天文学家发现了许多新东西，甚至准确地量出了星球间的距离。但是，那个距离太大了，普通的尺寸已经不适用，需要发明一种天文长度单位。"

　　"为什么？"小鼻子问，"千米不是很好吗？距离大，只要在后面加零就是了。"

　　"你说的好像有点道理，可是，星球间的距离那么大，如果用千米作单位，'0'得用大车拉，也没有那么大的纸能写下这个数。所以，必须使用天文单位（人们把太阳与地球间的平均距离称作 1 个天文单位），也就是 149 600 000 千米。"

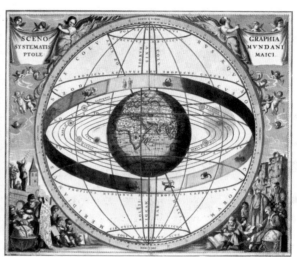

⊙ 哥白尼认为地球是绕着太阳转的（左图），而当时的人们都认为太阳是围着地球转的（右图）

"这么大的数字啊，奶奶！"

"这个单位还是小的呢！后来，天文学家建议采用新单位——光年。"

"什么是光年？"

"天文学家发现光每秒钟大约走 299 792 千米，这个数字加大 60 倍就是'光分'，再加大 60 倍是'光时'，然后增加 24 倍得出'光日'，再乘上 365，就是'光年'。"

"最后得数是多少？"

"约等于 9 460 000 000 000 千米。这就是光在一年内走的路程。"

"好家伙！"小佩德罗惊呼，"我的头都晕了。"

"所以要发明天文单位。即使这样，有些距离也不得不使用许多个零，有的星球离我们有六十亿光年！"

"哟！"

"与天体相反，有的东西极小极小，这就是分子和原子。有的原子小到只有亿万分之一毫米。"

"真的？"

"是的，孩子。这说明科学发展到了何等程度。房龙还在书中讲述了人类如何从满身长毛、四脚走路的动物进化到能测量天

体和原子。"

"怎么进化的？"

"就是靠创造发明。人类是大发明家，人类的历史就是不断发明的历史。房龙在序言中主要谈了这些事。下面讲第一章。"

"先吃爆米花吧，奶奶！"小鼻子说。

果然，厨房传来娜斯塔霞婶婶炒爆米花的阵阵香味。

02

善于发明的动物

小小篮子里的爆米花被吃光了，只剩下了没有开花的玉米豆。本塔奶奶继续讲道：

"房龙在第一章的开头写道：有一天，一粒小小的尘土出现在空间中，它重 6 000 000 000 000 000 000 000 吨。"

"天啊！"小鼻子惊呼道。

"这一尘粒在宇宙中是那样小，没有引起任何星球的注意，它就是我们生活的地球。而我们人类在天体之中更是微不足道

⊙ 这是英国画家亨利·德拉·贝切想象的画面：人类灭亡了，而曾经在地球上消失踪迹的鱼龙再次出现，鱼龙教授甚至在做着人类化石的讲座

的。后来，在地球这粒小小的尘土上出现了生命，出现了动物。又经过了亿万年，动物间相互残杀，有的被消灭了，有的生存下来了，最后出现了人——最终的胜利者。"

"人类将永远是胜利者吗？"

"不一定，我的孩子。人类以超出其他动物的智慧主宰了世界，但在将来，一株植物、一条小鱼、一只蚂蚁或一个细菌也可能拥有比人类更多的智慧，人类就要让出统治这世界的国王宝座，甚至可能从地球上消失。"

"人类是怎么占领地球的？"

"房龙说，当地球的表面凝固以后，首先出现了种类繁多的植物。接着，动物出现了，有的不愿离开水，便成了现在鱼类的祖先。从发现的化石看，有一个时期地球是被一种特殊的蜥蜴统治着。当时气候湿热，雨水充沛，最适合爬行动物的生长。"

"这些动物大吗？"

"大得怕人，孩子，它们有的像现在的轮船、潜水艇一样大。它们就是我们今天所说的'恐龙'。可是，为什么这些庞然大物后来又从地球上消失了呢？我们从挖

⊙ 绘于 1880 年的岩石结构和生物进化的示意图。早在 18 世纪，法国博物学家布丰就发现，不同地质时期的生物有所不同，并率先提出可以根据地质史划分历史时期

掘出的骨骼知道它们曾经存在过，但怎么又不见了呢？

于是，出现了种种假设。房龙认为原因是多种多样的，他只举了一个十分有意思的例子。他说，这些动物越来越大，身体和力量的无限膨胀把它们自己害了。打个比方，现在世界上有些军事强国，拥有无数的大炮、坦克、机枪、毒气、军舰、潜艇、飞机等，将来这些国家也可能像古代的爬行动物一样被过分强大的力量所害。因为爬行动物块头太大，身上又背着厚厚的防护甲，它们失去了活动能力，当一个地方缺少植物，需要它们转移个地

方时，它们便陷在泥潭里活活饿死了。"

"我懂了，"小佩德罗说，"就像放牧一样，一个地方的草吃完了，就要把牛群赶到另一个地方。"

"完全对。如果气候发生变化，牧草枯死，而牛又胖得连动也不能动，它们就只能等死。那时，它们失去了食物，又无法行动，所以一只一只死去了。现在，我们只有在博物馆才能见到它们的骨架。可是，一间大厅往往还盛不下一个动物的骨骼。

那时的气候变化一定比现在频繁得多，因为随着年龄的增长，地球也稳重了，急剧的变化少了，除了偶尔的

⊙ 古生物学家理查德·欧文，"恐龙"的命名人。"恐龙"的意思是"可怕的大蜥蜴"

地震、火山喷发。有时候，一样东西停止了变化，那就说明它老了，它的末日到了。

就这样，千万个统治地球的爬行动物消失了，随后出现的是

⊙ 大概在 6500 万年前，地球可能遭受了一次严重的撞击，导致地球环境发生剧烈变化，约 75% 的物种都在此时灭绝，其中就包括恐龙

哺乳动物和人类。人类的出现不是发生在一夜之间，而是经历了漫长的年代。起初，人类同猴子一样全身长着毛，走路靠爬行，很难看。在这个大家庭里，有一些古猿发生了变化，发展成了人类，其他的则延续至今。

变成人的这一支叫猿人。他们学会了用后肢走路，前肢慢慢发展成了手。这是个巨大的进步。用四条腿行走完全是多余的，两条就足够了，而剩余的这两条对后来人类的用处实在太大了。这是一个转折，也是一个起点，哺乳动物将要取代爬行动物统治地球。

　　情况大概是这样的，地球表面又发生了变化。大水退走了，干涸的地面增大，气温和湿度都下降了。这种气候对植物大为不利。大片的森林不见了，遍地长出了低矮的草丛。

　　古猿的生活也发生了变化。当他们失去了赖以生存的森林时，他们不得不考虑自己的出路。这时，生存的法则起了作用。"

⊙ 19世纪德国动物学家恩斯特·海克尔眼中的人类进化

"什么是生存的法则，姥姥？"小佩德罗问。

"就是为生存而斗争，就是同周围的环境做斗争。只有那些有办法、有能力适应新环境的强者才能生存下来。猿人比其他动物聪明，逐渐适应了地球的变迁，克服了种种困难，生存了下来。也就是说，应变能力强的动物得以生存，否则便被淘汰。

于是，浑身长毛的古猿学会了思考，学会了分析，无用的前肢变为用处极大的双手，经过坚韧不拔的斗争，终于成了胜利者。"

"什么是胜利者？"

"就是能根据自身需要进行发明创造的人。每一项新发明都为人类战胜自然增加一分力量，为克服新的困难增加一分力量。于是，与其他动物截然不同的人便在地球上繁衍起来。总之，人就是一种能发明、创造的动物。

现在一提到发明，人们往往想到无线电、电视和有声电影。但是，猿人的发明是极简单的，是后来逐步改善的。其实，当今世界的伟大发明只不过是我们祖先各种微不足道的发明的发展。"

"只有人这种动物会发明吗？"

"不。有些动物也有程度不同的发明本事。鸟发明了巢，有的巢是很精致的；蜘蛛发明了捕捉昆虫的网子；蜜蜂和蚂蚁在食品和居住方面更是别出心裁，它们的住房堪称真正的建筑。但是，这些动物发明了一点东西后便停滞不前了，而人却不然。人们孜孜不倦地发明着，一件又一件，永不停息。这样，人类的发明机能越来越发达，与其他动物的差别也就越来越大。

鸟巢、蜘蛛网和蚁穴总是老样子，现在的同二千年前的一个样，同二千年以后也将是一个样。而人类却不断地追求，不断地完善。二千年前的房屋同现在的大不一样，二千年以后的变化会更大。

⊙ 蚂蚁的房子可以储备粮食，养育孩子，还有专门的通风口，但是它们的房子一直如此，没有任何改进

　　其他动物发明的目的有两个：食与住。满足了这两个要求，它们就不再发明了。它们的发明机能好像睡着了。人类就不然，他们越发明，兴趣越大，发明的东西越多。过去没停止，将来也不会停止。社会的发展是那样快，简直难以想象几千年后是个什么样子。"

　　"甚至我们已经发明了会思考、会说话、会淘气的布娃娃！"小鼻子望着艾米莉亚说。

　　本塔奶奶笑了笑，继续讲道："在古代，地面上的四脚动物只凭力气生存，而生活在树上的古猿已经开始动脑筋。森林逐渐减少，当他们被迫离开森林，生活在荒芜的田野时，他们很快地站起身，学会了用脚走路。他们的手开始拿东西，拖东西，打碎东西，从而进化成猿人。这是一个了不起的进步。这一点其他动物做不到，它们只会用牙干这些工作。人类就这样慢慢统治了世界，成了世界之主。只要地球存在，人类将一直是它的主宰者，除非其他动物的发明机能出现惊人的发展。"

　　"难道地球会有不存在的时候？"小佩德罗问。

　　"当地球的气候变得像月亮上一样不适于生命的存在时，地球也就不再是生命的摇篮，变成一个死的东西。地球上的生命消失了，它也就不再叫'地球'，而是一粒尘埃。我们消失了，我

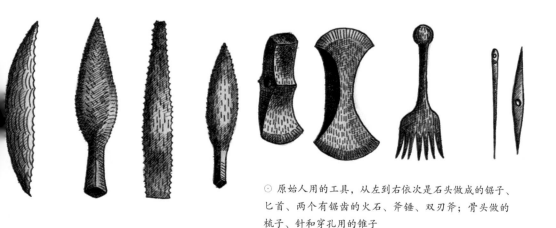

⊙ 原始人用的工具，从左到右依次是石头做成的锯子、匕首、两个有锯齿的火石、斧锤、双刃斧；骨头做的梳子、针和穿孔用的锥子

⊙猛犸象是大象的远亲，曾生活在寒冷的冰川时代，它身上的长毛能用来保暖。19世纪初，人们想象的猛犸象更像一只装了象牙的野猪（左图），后来，科学家才复原了越来越准确的猛犸象（右图）

们给地球起的名字也就随之消失，'地球'也就消失了……"

孩子们陷入了沉思。

本塔奶奶接着说："我上面说的还不完全。除了森林减少、高山耸起，人类还要同其他可怕的现象做斗争。科学家把这一现象称为冰川时代。在很长的一个时期内，地球表面覆盖上了厚厚的冰，只剩下赤道两旁的一条泥土裸露地带。气温降得很低，生存的条件变得极其恶劣，动物和植物都退缩到赤道两旁。

动物和植物有种天生的惰性。你们看那只小猫，它的肚子饱了，再也不想干别的，只想睡觉。所有生物都是这样，喜欢安宁、和平和休息。狮子、虾和跳蚤只要有条件打瞌睡，它们决不会干活。人也应该是这样。但是，重重的天灾，再加上冰川时代的来临，迫使人类变得勤奋起来。俗话说：'需要使兔子奔跑。'同样，需要使我们的祖先进步。我们的祖先被迫思考、发明，不停地发明，以战胜气候的变化给他们带来的困难。

冰冻是一条可怕的鞭子。面临冻死的危险，人类焕发出惊人的才能，终于成为自然界的一支力量，创造了一个接一个的奇迹。"

就寝的时间到了，孩子们仍然在沉思着。本塔奶奶的故事将孩子们带进了一个宏大的世界。小鼻子梦到了双脚也变成了手，这可把她急坏了——该怎么走路呢？

从兽皮到摩天大楼

第二天晚上，本塔奶奶继续讲道："孩子们，人类所有的发明只有一个目的：节省力气。额外花费力气总是不好的，所以人类发明的劲头就大了起来。我原来用一百分的力气才能搬动那块石头，如果通过发明创造，我用十分的力气就能搬动的话，我进行发明的兴趣就增长十倍。这个道理再简单不过了。

所以，节省力气的需要促使人类的进步。起初，人类只靠臂力工作，这种工作是极其繁重的。发明使人类节省了力气，也就给人类带来了幸福。人类不断地增加工作的效率，摆脱繁重的劳动。"

"怎么增加？"

"通过完善和发展自然的器官。如果我用某种发明，如一种能放大的玻璃，增加了我的视力，我也就增加了眼的效率。我用火车和汽车提高了走路的速度，也就是提高了腿的效率。所以，

人类的进步也就是提高口、脚、手和耳朵的能力，提高皮肤的抵抗力。"

"皮肤，奶奶？"小鼻子感到莫名其妙了。

"对，提高皮肤的抵抗力是保证人类生存最重要的一点。现在世界上，无论在寒冷的地方还是炎热的地方都有人生活，这主要是皮肤的抵抗力提高了。"

"我不懂，奶奶。如果把因纽特人放到非洲，他肯定活不了；同样，把非洲人放在寒冷的地方，也要死掉。"

"都可以不死，保暖的衣服可以使非洲人生活在寒带，防暑设备可以保证因纽特人在非洲的生存。"

"如果他们都赤身裸体呢?"艾米莉亚问。

"那两者都活不了。但现在有了发明,情况就不一样了,因纽特人和非洲人都能生存下来。

从远古时代起,动物就是裸体的。之前没有一种动物能想到往身上穿点东西,但原始人想到了,这使他们战胜了险恶的气候,主宰了地球。

寒冷的冬天一到,其他的动物只知道躲在洞巢里,而原始人却懂得披上兽皮御寒,提高了皮肤的抵抗力,你们说他们聪明不聪明?"

"太聪明了，姥姥！我真佩服祖先的机智。"小佩德罗说。

"但这件事又是多么简单……"小鼻子说。

"对于智力相当发达的现代人来说，的确是简单的。但要知道，那时的原始人与其他动物还没有多大差别。请想象一下，第一个穿上兽皮的原始人该是何等不简单，他在同类中引起的震惊要比第一辆汽车的出现还要大，他的同伴们个个被惊得目瞪口呆。

但是，第一个穿上兽皮的原始人说身上很暖和，而同伴们却冻得发抖。于是，其他原始人也纷纷效仿，寻找兽皮御寒。从那时起，人类便摆脱了裸体状态，进入穿衣时代。

从原始人第一次穿上牛皮或熊皮，人们发明了各种衣服——麻的、丝的、棉的、合成纤维的……

起初，人们只是把兽皮晒干后穿上，没有任何加工。但是，兽皮受潮后，

会发出难闻的气味，这促使人们去发明更好的东西——精美的现代布料。

在发明布料以前，人们首先发现了变生皮为熟革的方法，也就是鞣（róu）革，你懂吗，小佩德罗？"

"懂，姥姥，我还参观过鞣革厂呢。工人把生皮革浸泡在含有鞣酸的水池里，几天后皮子就变得柔软了。"

"鞣酸是什么？"小鼻子问。

"是植物中的一种物质，味道像生香蕉。"

"生香蕉里就有鞣酸。"本塔奶奶解释说，"我们的祖先很早就发现了，所以我们今天才有了柔软的皮子。

⊙ 亚麻。它和其他几种麻都可以做成透气清爽的麻布

但是，原始人找不到那么多的皮子，于是需要发明一种代用品。埃及人用各种植物做试验，最后发现了麻。可是，在人类没有找到代用品之前，不知穿了几千年兽皮……

麻布很快在各地普及了。后来的棉布大家都知道了……"

"谁发现了棉花？"

⊙ 古埃及的华丽服饰

　　"希腊历史学家说是印度人发现的，但没法证明。总之是很久很久以前的事了。现在，棉布成了人类衣服的主要材料之一。

　　古代，每次严寒的到来总要使许多人死亡，尤其是儿童，于是人们驯化了一种小动物——羊，一种胆怯、温顺的动物。它只知道三件事：服从、吃草和产羊毛。人们剪下羊毛，制成暖和的衣服。"

　　"什么地方最先使用羊毛？"

　　"中亚。羊毛从古代的突厥斯坦传到希腊、罗马和其他地区。后来，英国成了最大的羊毛产地。英国人发明了先进的毛纺设备，所以，'英国开司米'已成了尽人皆知的上等毛制品。

　　与英国的毛制品齐名的是中国丝绸。中国人发现了一种虫子——蚕，可以吐出上千米的细丝。他们把蚕茧浸在沸水中，抽出丝，织成美丽的绸子。

　　中国人把丝绸当作神的发明。传说公元前两千多年前黄帝的妻子嫘祖首先用科学方法利用这种虫子。"

⊙ 在弹棉花的印度人

26

"蚕也是一个大发明家,"小鼻子说,"它发明了茧子。"

"这么说可不准确。就像我们能吐口水一样,蚕丝也是蚕吐出来的分泌物,这些都是大自然安排好的,可不是谁发明出来的。但是人类却利用大自然安排好的蚕丝,发明出了大自然里没有的衣服。

中国人把丝的秘密保守了一两千年。后来,秘密传到了朝鲜,接着又由一些中国童女带到了日本,日本也成了丝绸大国。又过了些时候,一个中国公主嫁到西域,就是今天的中国新疆地区,她在帽子里藏了几粒桑树种和蚕卵,于是,缫丝业在西域也发展起来,再经由西域这个通道继续向西传去。桑叶是蚕的主要食品。"

⊙ 丝绸之路上的商队

⊙ 君士坦丁堡陷落后，这里的港口依旧繁忙。黑海和地中海往来的船只频繁经过这里

"也就是说，丝是由蚕吃了桑叶分泌出来的了？"小鼻子问。

"完全对。在相当长的时期内，丝绸是十分珍贵的，只有王侯才能穿得起。后来，据说有两位僧人到中国旅行，用竹筒带走了桑苗和蚕卵，献给了君士坦丁堡的国王，君士坦丁堡就成了西方世界的丝绸中心。

当十字军入侵那个城市时，掠走了大量的丝织品，这成为轰动一时的新闻。中国人的发明也因此得以广泛传播。丝绸成了珍贵物品，法国一个亲王曾为女儿的嫁妆中有一双真丝袜而骄傲无比，拿破仑的妻子更是视丝如命。

欧洲的妇女对丝绸的追求简直到了疯狂的程度。丝！丝！丝！贵族们的呼声促使人们刻不容缓地去解决问题。必须发明价格便宜的人造丝。化学家用造纸的原料制出了人造丝。不幸的是，尽管人类聪明无比，人造丝仍是远远比不上真丝。

这一切都说明，原始人穿兽皮的原始想法带来了上述的种种发明。最重要的是产生这种原始思想，其余的就容易了。任何发明的第一步都是困难的，但只要迈出了第一步，下面的路就好走了。"

此时，娜斯塔霞婶婶进来，焦急地说艾米莉亚正同犀牛吵嘴呢。

"我知道，"本塔奶奶说，"她一定在说服犀牛穿衣服。已经九点了，我该睡觉了，明天继续讲。"

从兽皮到摩天大楼（续）

本塔奶奶一打开蓝皮书，小鼻子就问："奶奶，按您说的，不管多么漂亮的衣服都是兽皮的演变了？"

"对。没有原始人穿兽皮，就没有后来的华丽衣服、防护服和电衣服。"

"什么电衣服？我还没听说过……"

"飞行员在高空飞行，无论多么厚的毛衣也抵挡不住可怕的寒冷的侵袭。于是，以前的人们发明了一种用电流取暖的衣服，这种衣服又轻又舒适。"

"真有意思！"

"还有更有趣的呢！电流是来自一个可以装进衣袋的蓄电池，电用完了，只要再充电就行了。"

刚刚进门的黑厨娘娜斯塔霞婶婶听到后不禁大笑起来。

"这怎么可能，太太！"她说。

"这个会说话、会唱歌的收音机过去也是不可思议的。"

"就是现在我也不大相信。"厨娘娜斯塔霞眨眨眼睛说，"我总不信收音机里的声音是来自很远很远的地方，一定有什么东西在里面说话、唱歌、弹琴。"

厨娘的话引得大家哄堂大笑。

本塔奶奶继续说：

"我们讲了人们保护皮肤、抵御寒冷和炎热的发明。但这并不是唯一的，还有一种更重要的——房子。仅仅依靠衣服还不足以抗拒恶劣的天气，更无法保护婴儿。保护孩子是动物的本能，否则人类就灭绝了。

⊙ 在山洞中作画的原始人

　　房屋主要用来遮挡雨水。房屋是怎么产生的？起初，原始人像其他动物一样住在树洞里、石洞里。这种住所有许多不便之处：树洞狭窄，石洞则有许多动物争相抢夺——大蝙蝠、大蜘蛛、蛇，还有凶恶的老虎、狮子。人类为了一个山洞，不得不同其他动物展开旷日持久的搏斗，吃败仗又是经常的事。"

　　"山洞也太脏了呀，奶奶！"小鼻子做了个恶心的鬼脸说。

　　"对。学者们在许多山洞里发现了大量的兽骨，那是原始人扔下的。你们想一想，在当时那些骨头该是多么难闻！现在的猪也不会去住。但是，最聪明的莎士比亚、米开朗琪罗、爱迪生和仲马父子的祖先就住在那里……

　　黑暗、可怕的洞穴迫使人们寻找更舒适的住处，于是房屋出现了。"

　　"最初的房屋是什么样子？"

　　"什么样子都有。在严寒地区，有用冰块垒成的洞；有的在树上造个棚子；后来出现了土屋和水上房屋。"

　　"水上？"

　　"对。人们把木桩打进水中，在木桩上盖起房屋。这种房屋好处很多，既免除了老虎、狮子的侵袭，又有丰富的食物——鱼，洗起澡来也方便多了。"

⊙ 在亚洲第一大岛婆罗洲上，巴瑶族的人把房子建在水上，他们被称为"海上吉卜赛人"

"真好玩，姥姥！"小佩德罗叫道，"人们从窗户就可以钓鱼！……姥姥怎么不造个水上房屋？"

"你们就知道好玩！……水上房屋为人类提供了方便的洗澡条件，这很重要，讲卫生是人类的一大特点。现在的土著人也总是在水边建造他们的房屋，这不仅是为了饮水做饭，也是出于卫生的考虑。谁知道，为什么许多现代的大城市也往往建在河畔？"

"原因太多了，姥姥。"小佩德罗说，"为了洗澡、洗衣服、刷锅、吃鱼、种地和交通。"

"完全对。房屋是为了使人类摆脱野兽、烈日、风、雹、雨、雪的侵扰。俗话说：'在家千日好，出门处处难。'房屋给人以温暖，给家庭带来幸福。

当人们变得富有之后，房屋都是一家一户的，不过，后来在罗马出现了集体住房。现代的集体住房有公寓、旅馆、营房、寺院等。但是，就人们的意愿讲，都想有一个自己的家，集体住处里的人们都是出于经济和其他特殊原因。"

"还有大城市中穷人住的贫民窟，奶奶。"

"房子可以抵御雨雪，不过要住起来暖和就不太容易了。传说，古希腊人已经使用了暖气，古罗马的富人也有类似的设备。后来，野蛮人摧毁了古希腊和古罗马的文明，出现了不景气的中

⊙ 古罗马普通人的住房，也称为"岛"。这样的公寓一般有 3 ~ 5 层，1 楼用来开店，2 楼及以上才住人。此外，这里没有独立的卫生间，如果尿急需要去公共厕所

世纪。这项取暖的艺术失传了，社会倒退到火炉时代。

有名的法国国王路易十四住的宫殿很大，火炉和壁炉也不顶用，他吃的饭经常在餐桌上结成了冰，人们洗澡的习惯也只得中断。在冬季，水都冻成了冰，还怎么洗澡？

中世纪，带烟囱的炉子普及了。一个烟囱看起来很简单，但却经过了许多年才出现。最初，人们只是在房顶上挖个洞冒烟。

到了19世纪末，希腊人和罗马人的取暖方式才再一次问世。现在，暖气已成为寒冷的大城市必不可少的设备。"

"有电暖气吗？"

"这是最理想的了。水暖气需要庞大的管道和锅炉，而电暖气就简单多了。每个房间放个电炉，打开开关就行了。只是现在

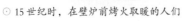
⊙ 15世纪时，在壁炉前烤火取暖的人们

⊙ 钻木取火

电费太贵，以后电便宜了，电暖将取代水暖，就像电灯取代油灯一样。"

"姥姥，火的使用不也是一个大发明吗？"

"火可不是人类发明的，它是大自然赐给人类的礼物，孩子。不过，我们的确用这个礼物，创造了数以万计不可思议的发明。整个的现代文明，连同那功率巨大的火车头、汽车、巨轮，能生

产万物的工厂都与火分不开。我已经讲过，人类最初是用两根木头摩擦产生火的，一根硬的，一根软的。后来，人类学会了用铁击石器发出的火星点燃东西。"

"就是土著人用的火石……"

"是的。火柴的发明是世界的革命，后来又有了打火机。火柴王国像罗马帝国一样一分为二，将一半领土让给了打火机。"

"火柴是怎么产生的？"

"火柴头是用磷做的。人们发现用石头打击磷时，能够发出火焰，然后再引着掺着硫黄的物质。1827 年，一个叫约翰·沃克的英国人发明了摩擦火柴。后来人们用的安全火柴是瑞典人发明的，它携带方便，没有了最早的磷火柴难闻的气味和有毒物质。"

⊙ 火柴虽然诞生了，但是只要稍微摩擦一下，就会自己烧起来。直到瑞典人发明了安全火柴，人们才能放心使用它。到了 20 世纪初，用火柴的人越来越多，促使生产火柴的人开始注意自己的品牌形象，他们设计出了各具特色的火柴盒图案。上面就是当时世界各地的火柴盒图案

"现在的火柴不是磷做的？"

"不只有磷，它是由几种化学物质混合而成的。奇怪的是，当这种先进的火柴问世时，还遇到了不小的阻力呢。人们有一种安于现状的习性，但是，先进事物最后一定是胜利者！"

这时，娜斯塔霞婶婶进来整理大厅里的比利时油灯。她取下灯罩，用剪刀修齐灯芯，然后调到合适的亮度。

"孩子们，只有我们的庄园还在使用这种落后的照明设备。等咖啡涨了价，我要买个发电机安在牧场的小河里。到时我们不但会有电灯，收音机也可以不再用那麻烦的电池。只要有了电，我们就有了电动缝纫机、电风扇、电熨斗、电冰箱、吸尘器……那么多好东西，现在都只能眼巴巴地看着……"

手的进步

第二天，本塔奶奶继续讲道：

"从原始人披的兽皮，我们有了今天的衣服；从原始的木棚，我们有了现代建筑，包括纽约的帝国大厦。"

"帝国大厦有 380 米高，姥姥！当我站在它的面前，看它那高耸入云霄的样子，我不禁打了个寒战。我感到做人的骄傲！"小佩德罗说。

"好！今天我们再讲讲手。知道手是什么吗？"

"这个！"艾米莉亚伸出脏乎乎的手说。

"手是前肢的进化。"本塔奶奶说，"四脚动物都有前肢，用来走路和干许多事情。你看那只小猫，它是用嘴拿东西，但经常用前肢做辅助。不幸的是，猫的前肢只不过相当于几颗牙，用处太小了。人类手的一次飞跃就是手指的伸长和拇指移到了与其他四个指头对立的位置。于是，手变成了灵巧的工具。钳子就是两

个指头的铁手，两个对立的
指头，这一点十分重要。

人类拇指位置的变化使手
成为其他动物的前肢望尘莫及的
器官。伟大的大拇指！惊人的进
步！如果人只剩下两个指头，只要拇指
存在，仍旧可以做许多事情。但是，如果
失去拇指，只剩下其他四个，那可就糟了。

人类的手是最重要的自然工具，有了它，人类才创造了千万
种奇迹。

但是，人类仅仅有了手还是不够的。后来，他们借用木器和
石器增加了手的功能。"

"这还不容易，姥姥！如果我是原始人，一定会想到这个主
意。"小佩德罗说。

"我相信。你很聪明，能想到这个主意不奇怪。但是，原始
人经过了几千年，终于有一个原始人想到了，他不像其他同类那
样用手捕捉猎物，而是用一根木棒或石头。这个原始人发现了一
个新的世界，他发现木棒或石头的作用比手大得多。另一个天才
的原始人又发现了把石头或木棒扔出去，可以击中远离自己的猎
物。这是一个伟大的进步，今天的大炮就是由此产生的。"

⊙ 洞穴壁画上，原始人在用木棒和弓箭打猎

　　"竟然是这样啊？"

　　"我不解释，你们也会明白。在扔石头以前，人们只能捉到手臂长度距离之内的猎物，半径1米左右。"

　　"我还是不大懂……"

　　"半径就是圆的直径的一半。人站在圆心，以手臂为半径画个圈，手只能捕到圆圈之内的目标。"

　　"现在我懂了。"

　　"人学会了抛石头后，手臂所能达到的目标范围就远远扩大了。若能把石头扔到20米远的地方，捕捉动物的范围就是方圆20米。懂吗？"

"奶奶讲得这么清楚，谁还能不懂！"小鼻子说。

"好。原始人用投掷石头增加了手的能力。后来又发明了弓，可以把箭射到两百米以外的地方；后来又有了枪，可以把子弹射到两千米以外的地方；后来又出现了大炮，可以把炮弹打到 1 万米以外的地方。这样，人的手的能力就达到了 1 万米的地方。

你们可以看到，进步是巨大的。开始原始人只能抓到 1 米以内的东西，但在第一次世界大战时，德国人用大炮轰击了 1 万米之外的巴黎。"

⊙ 奥匈帝国皇储在萨拉热窝被杀，点燃了第一次世界大战的炮火

"真有意思，姥姥。"小佩德罗若有所思地说。

"当我们在博物馆看到原始人的石头锤子时，会觉得它太简单了。其

实，我们应当向这种石头工具深深地鞠一躬，就像面对一位伟人的母亲那样。因为，无数现代化的、高效能的机器都来自石头锤子，而且都是它的子孙。

在一个漫长的时期内，原始人手拿石头砸东西。终于有一天，一位天才的原始人想到了柄。他惊奇地发现，装上柄以后，石头的威力增加了许多。就这样，至今仍然有着极大用途的锤子出现了。

从锤子又派生出了斧头。当然，斧头的发现是偶然的。原始人用石锤砸东西，渐渐把一边磨得锋利起来，而且这一边可以把东西砍断……他们就用石斧劈开木头，建造茅屋。后来经过不断的改进，我们才有了今天的刀子。

⊙ 15世纪晚期的北欧农民在7月剪下羊毛（左图），到了寒冷的2月，他们就待在家中用羊毛纺线织布（右图）

不难想象，改进的过程是极其缓慢的。所以，当你们在博物馆看到祖先那简陋的石斧时，应该恭敬地脱帽致意。"

"我想脱帽，可我从不戴帽子呀！"小鼻子说。

"那你就脱鞋。"艾米莉亚开玩笑地说。

本塔奶奶继续说：

"剪刀是两个刀片的结合。学者们说，文明古国埃及人制作木乃伊时，似乎不懂得用剪刀。最先，剪刀的出现可能是用来剪羊毛的。在剪刀出现以前，羊毛是硬拔下来的。"

"太残酷了！看来，所有的羊都该跪下感谢剪刀了。"

"不错。剪刀使羊摆脱了一种酷刑。但是，锋利器械的发明却未能使人类摆脱灾难。用于人类互相残杀的武器出现了：剑、矛、砍刀、匕首、刺刀、砍头机……"

"我最怕刀子。"小鼻子说，"尤其怕尖尖的刀，但抹黄油的小刀我喜欢……"

"过错不在刀子，孩子，而在使用刀子的人。其他的发明也是这样。使用得好，工具可以造福于人类，否则就带来灾难。炸药可

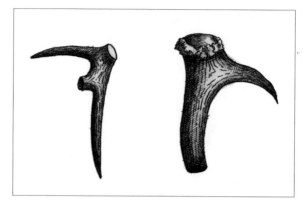

⊙ 鹿角做的镐或锄头

以炸石头，如果飞机把它扔在城市里，那就坏了……

不幸的是，有些愚蠢的坏蛋企图让人类将聪明才智用于研究发明杀人的科技和艺术。如果把用于研究杀人的费用同用于教育和其他福利的费用做个比较的话，你们就会发现差距是惊人的。

好了。现在我们再看看人类的另一大发明——锄头。"

"姥姥认为锄头也是一大发明？"

"当然了，我的孩子。有人认为锄头可能是妇女的发明。在很久以前，妇女要从事一切繁重的工作：理家、做饭、种地。一个天才的女性不堪于挖地的痛苦，想到改变一下斧头的形状——这便是锄。

这是个了不起的妇女。锄头的出现是农业的一大进步，至今在许多国家里，锄头仍然是基本的耕作工具。如果在一夜之间巴

⊙ 15世纪的意大利人设计的潜水设备

西所有的锄头神秘地消失了，不出几个月，我们就饿死了。有意思的是，锄头有一个'后代'，你们谁也猜不到它是什么。"

"是什么？"

"潜水衣。人们穿上它可以沉到很深的水底。"

"怎么会呢，姥姥？我看有些荒唐……"

"不错，看来是荒唐的。不过，有的发明是另一种发明的间接发展。锄头发展成挖河机，挖河机派生出潜水衣，潜水衣是锄头的孙子。"

"是这样啊？"

"在挖河的时候，人们往往会在河底遇到大石头，这时就不得不想办法把石头炸掉，于是出现了潜水衣。这是一种不透水的衣服，人们穿上它沉到水底，通过一根伸到水面上的管子呼吸空气。开始，管子是铜的，后来改为皮的，现在是橡胶的。"

"能穿上潜水衣捡河蚌吗？"小鼻子问。

　　"当然可以，一切水下工作都能做。不少人不穿潜水衣捞河蚌，这真是个苦差事。他们最多只能在水中停留几分钟，而潜水衣可以让人停留几个小时。"

　　"真好玩！"小佩德罗说，"穿上潜水衣在水底行走，那里有多少有趣的东西呀！若在海底，那就更好玩了！……"

　　"但是，水的压力会随着深度的增加而增加，即使用最先进

⊙ 发现杠杆原理的阿基米德曾说：给我一个支点，我就能撬动整个地球

的潜水衣，现在人们最多也只能沉到 300 多米。

我还忘记了一件最重要的事情。人类利用发明增加了手的功能，最大的一项发明就是——杠杆。"

"那么简单的杠杆会是最大的发明？"小佩德罗惊奇了。

"道理简单，但影响是巨大的。杠杆是所有机械里的老大，因为它最古老、最早被我们发现利用。孩子们，人类在地球上进行的全部建设——运河、金字塔、纪念碑、各种房屋、铁路、巨轮，都离不开杠杆。杠杆是什么？简单来说，就是一根硬棒，让小佩德罗给大家示范一下杠杆怎么用，大家就知道了。"

小佩德罗找来一根木棍，在下面垫上一块石头，用手在木棍的一端一压，就把另一端的碗柜掀了起来。

"真的！这个碗柜两个人才能抬起来，现在只用了一点劲就抬起来了。"

⊙ 假设要撬动 10 100 吨的埃菲尔铁塔，如果你是个重 70 千克的大人，那么杠杆需要长 40 千米左右；假设以月球为支点，要撬动整个地球就得要 1000 万亿光年长的杠杆，相当于地球到仙女星系距离的 150 万倍

　　"别把我的碗弄坏了。"本塔奶奶命令他停止试验，"杠杆大大增加了人的臂力，使人们造出了金字塔和巴拿马运河。几乎没有一种机械不利用杠杆原理。"

　　"如果有人问我机器是什么，我就可以回答……"

　　"回答杠杆的利用，提问者就哑口无言了。

　　绳子也是一项重要发明，由绳子产生了起重机。你用绳子捆住一块石头，把绳子的另一端绕过一个轮子，用力一拉，石头就起来了。轮船就是利用这种方法装卸的。以前在印度的英国人用起重机把很沉的大象装到船上。

　　说到轮子，这也是一大发明。今天不讲了，钟已打过了九点，小鼻子的眼睛正在'打架'，瞧她那个样子……"

关于手的好东西和坏东西

"昨天我们讲了几种增加手的功能的发明。"本塔奶奶说，"今天我们谈谈另外一些与手有关的发明。"

"我昨天夜里睡不着，想到了好多手的用处。人们要够高处的东西，就拿一根棍子增加手的长度；人们洗澡、搔痒、挑刺、画图画，总之，一切的一切都离不开手，手是最神奇的东西了。"小佩德罗说。

"还有许多与手有关的发明。"本塔奶奶说，"你们想一想，怎样才能把泉水放到嘴里？"

"用手捧起来。"

"怎么从袋子里把大米取出来？"

"还是用手捧起来。把两只手并起来，成为瓢的形状就行了。"

"完全对。盆罐之类的容器就是由此产生的，后来又发展成为箱子、柜子、抽屉等。现在这些东西已经成为家庭的生活必需

⊙ 5000 年前的古埃及陶器

品，没有它们，人们是难以生活的。"

"太有意思了。"小鼻子说。

"但是，你想象不出人类使用的第一个容器是什么……"

"什么？"

"死人的头骨。"

"多吓人呀,奶奶!"小鼻子脸上浮现出恶心的表情,"怎么会呢?"

"很简单。在古代,人们的尸体像动物的一样被弃置在地面上,真是尸骨遍野。每个头骨都是结实、完美的自然容器。人类产生了利用它的念头,在原始人的洞穴和茅屋里摆满了人的头骨,就像现代人的家里摆满了杯、碗、盆、罐。北欧的日耳曼人用敌人的头骨当酒杯,杀死一个敌人,就可得到一个酒杯。"

"太可怕了!"小鼻子说。

"对头骨的厌恶情感是现代才产生的,没准原始人小姑娘都用头骨喝过奶。"

"后来呢？"

"河边是盛产芦苇的地方。某一天，有个聪明的原始人用苇子编了个很难看的篮子。篮子可大可小，形状各式各样，比起头骨来方便多了。后来原始人又在篮子里衬上兽皮，使它成为不透水的容器。又有原始人在篮子里衬上一层泥，但水很快会把泥冲掉。这个难题是偶然被解决的——世界上许多发明都是偶然产生的。

有一天，一个原始人的茅棚着了火，一切都化作灰烬。主人在废墟中意外地发现：芦苇篮子被烧掉了，但篮子里面的一层泥变得像石头一样坚硬，一滴水也不漏。

人们发现经过烧制的泥土能改变结构，这便是陶器的产生。

陶器产生后，篮子的重要性下降了，只用于盛干的东西，而液体的东西便用陶器盛了。

但是这种陶器仍然有渗水现象，后来就出现了釉陶。我曾想，那个第一个发现陶器的原始人一定立即造了一个新茅棚，里面堆满了糊上一层泥的篮子，然后把茅棚点着……"

"笨死了！"小鼻子说。

"一点也不笨，孩子。'笨'这个字用在伟大的发明家身上是不合适的，尽管他的发明是偶然的。那时人类还没有我们现在的思维，他们只会一成不变地重复前一次的经验，以取得同样的效

果。那个改变了烧茅棚的方式、又得到同样效果的人也是一个发
明家。在人类进步的历史上，一切都是循序渐进的。

　　在陶器技术的发展中，中国人的贡献是巨大的。他们发现了
颗粒极细的高岭土，制出了精细的瓷器，并在上面绘出美丽的图
案。世界各大博物馆中，都有专门的中国瓷器陈列室，观众无不
为那巧夺天工的艺术赞叹不已。

　　地中海沿岸的腓尼基人到处抢购瓷器，然后转手倒卖，瓷器
也就很快传遍了世界。

⊙ 中国古代用陶瓷做的笔架和笔洗，收藏于台北故宫博物院

之后是玻璃的发明，据说也是偶然的。有的希腊和罗马的学者认为玻璃的发明者是腓尼基人。传说腓尼基商船意外到了叙利亚大沙漠，傍晚，他们用船上的碱块和那里的石灰石支起锅，在沙地上点起炊火。第二天清早，他们惊奇地在灰烬中发现了一种又硬又脆的透明物质，这就是玻璃！"

⊙ 吹制玻璃

"玻璃是熔化了的石灰石和碱块？"

"是它们和其他物质的混合物。在高温的情况下，它有可塑性，所以我们可以造出各种形状的玻璃物品。如果用一根管子往里面吹气，就可以得到大大小小的瓶子。"

"真好玩！"

"那个商人把他发现的神奇物质当作宝石，一小块一小块地卖掉了。随后出现了玻璃工业。据说，有的土著民族的巫婆，脖子上都挂一串玻璃珠子项链。

也有学者认为，玻璃是古埃及人在制陶的过程中发明的。玻璃工艺在埃及得到发展和完善，由装饰品普及到日用品。艺术家们制造的造型美观、色彩艳丽的玻璃什物装点了人们的生活。威尼斯的玻璃是世界有名的。

一切都来自手！

许多发明都是手的完善和取代。抽水机把河水送到田地，使干旱的土地长出了庄稼；管道把泉水送进城市，使城里人喝上了干净的水；另外还有锁、门闩……"

⊙ 约2000年前，地中海附近居民用马赛克玻璃做的碗和珠子

"锁和门闩也是？奶奶，我不明白。"

"人类有了茅屋后，自然会把自己的东西放在里面。这就出现了防盗的问题。人们用手把门关上，要使门开不开，手就不能离开门。这样，人就像尊塑像一样站在门前。怎么办？人们开动脑筋想来想去，终于想到门内放闩，门外安锁。

现在的钥匙很轻巧，可以放在衣袋里。但古代的钥匙又大又沉，开锁时得用锤子敲。

千千万万件东西都是来自手，有好东西，也有坏东西，因为手连着心。手可以发明出专做坏事的东西，如小偷发明撬锁的工具，战士发明杀人武器。

还有捕捉动物的发明：鱼钩、鱼叉、渔网、捕鼠器……"

"渔网，奶奶？"

"对。我们要把水中的鱼捞上来，得把手掌伸开，手指微微分开，这样水从指缝中漏掉，而鱼就留在了手里。渔网就是这样发明的。

捕鼠器是一只铁手，老鼠一触动诱饵，它就自动合上。套马索是手的延长，它能像人用手卡小鸡脖子一样勒住马脖子。套马索用在人身上就是绞索，绞索是通过绳子实现手的作用。"

"不要说了，奶奶，我一听到绞索就害怕。"

"不错。但是，这种杀人的工具至今在一些国家中还盛行着。在古代，罗马人使用它，但希腊人不用，他们用毒药，苏格拉底就是被毒死的。到了中世纪，欧洲人仍然使用绞刑，但只对最重要的人物……"

"不行，太吓人了，奶奶！"小鼻子大叫道，"别再说了。"

本塔奶奶只得转换话题，谈起了弓。

"这可是项大发明，它是利用木材的弹性制造的。弓是由弹弓发展起来的，开始时只发射石头。由于石头不易瞄准，才出现了箭。原始部落的民族善用弓箭，威力不亚于现代的枪。

由于人类经常处于战争状态，也就发明了许多'杀人的手'，目的是增加手的力量。这其中，最重要的要算炸药了。

中国人发现硫黄和硝石混合后会发生巨大爆炸，也就是说，一用火点燃，这种固体的混合物就变作气体。"

"怎么回事？"

"通过化学反应，固体混合物突然变为气体，以猛烈的力量向外排放，因此发生爆炸。如果这种反应发生在一根管子里，但是

⊙ 中国的火药是炼金术士发明的，到唐朝时期，火药开始装在竹子做的箭筒里作为武器。直到14世纪，火药和火器才传入欧洲。上图是16世纪的欧洲枪支，图中有两种枪，一种每支各有4个发射管，需两人合作点燃火门发射；另一种有3支发射管，由手扶杆支撑，使用燧发机发射。

管子的出口被别的固体堵住，气体就会把它高速顶出去，这个被顶出去的固体就是子弹。

人类终于发明了杀伤力巨大的武器！步枪、机枪、大炮！后来又有了更先进的空中和海上武器。鱼雷是根装有炸药的粗铁管，它会自己向敌舰撞去。垂直下落的粗铁管叫炸弹。

杀人的武器就讲到这里，明天讲的是其他有关手的发明，但都是有益的。"

07

永不停歇的手

⊙ 鞑靼人帖木儿，建立了蒙古帖木儿王朝

"我做了一个梦，太可怕了！"第二天，当大家围在本塔奶奶的身边时，小鼻子说，"我梦到许多绞刑架，上面吊着死人，被风一吹，不停地摆动……"

"我梦到想要征服世界的鞑靼人帖木儿。"小佩德罗说。

本塔奶奶笑笑说："你梦到了正义的象征，亲爱的孙女；而你，小佩德罗，梦到了人类历史上最出色的英雄。绞刑架上的都是些堕落的罪犯，他们或盗窃或杀人，若不上绞刑架……

⊙ 古埃及的农业

　　好了，我们不谈这些不愉快的哲学。我们继续讲讲有关手的发明。手最先学会的是用石头碾碎东西。

　　原始人靠打猎为生，生活是动荡不定的。一个地方的猎物没有了，他们必须到另外一个地方去，否则便会饿死。这是一种游牧生活。但是，迁徙也给原始人带来许多困难，他们不得不扔掉自己的茅棚和各种用品。如果能有一种可代替猎物的食品该有多好呀！

　　那时，原始人已经发现了一些可食用的植物种子，但都是野生的。一个原始人，很可能是女人，想到将种子埋在土中——农业出现了。农业的出现使原始人的生活得到很大改善，即使猎物减少，他们也无须背井离乡了。

⊙ 石器时代的臼和杵

⊙ 在手推石磨上研磨麦子的古代妇女

植物的种子是硬的，如果碾碎了，吃起来就方便多了。原始人开始用石头把种子砸碎，这种工具后来发展成为臼（jiù）和杵（chǔ）。这样一来，人类的饭食好多了。但是臼和杵费劲大，效率低，人们几乎要把整天的时间都花在臼杵上。后来，人类用磨代替了臼杵。"

"我见过水磨！"小佩德罗说。

"对。磨可以用水、用电、用风、用牲畜转动。但最初是靠人力，罗马人就让俘虏整天推磨。后来人们又想到借用水力和风力。"

"就是被堂吉诃德误认为是巨人的风车吧？"

　　"对。就是那种有很大的翅膀，一有风就为人类工作的风车。荷兰是风力资源利得最充分的国家，在那里，到处可以看到巨大的风车，风力这一大自然丰富的资源被用来碾米、发电、灌溉……

水与风是人类找到的两大动力资源，但各有缺点。风时大时小，而水又受地势的限制。于是，一种完美的动力资源——石炭出现了。"

"为什么叫石炭？真是石头？"

"是几亿年前埋在地下的树木。因为它的样子像石头，所以叫石炭，后为便于同木炭相区别，石炭又叫煤。"

"石炭怎么产生能量？"

"别着急。有一个时期，地球上气候湿润，森林很多。后来由于地壳的变化，森林被埋在地下，成了化石。起初，希腊人和罗马人利用露天的煤炭烧火。英国人首先开始挖掘地下的煤炭，那个国家的地下全是煤……但是，如果挖到一定的深度……"

"我知道。"小佩德罗说，"挖深了就出水。"

"完全对。煤坑里有了水，人们就无法工作了，不得不想法子把水弄出来，于是发明了抽水机。最初的抽水机靠人力和畜力，但是，那么多抽水机要日夜转动，耗费太大。人们绞尽脑汁，寻找便宜的资源。"

"大脑才是真正的矿藏呢，姥姥。"小佩德罗说，"一遇到困难，人就开始挖掘它。"

"古希腊人发明了一种用火力转动的抽水机，但由于罗马帝国的破坏，这种机器失传了，现在连它的原理也弄不清。

社会上有两种人：一种人害怕变革，嘲笑发明家为疯子。不战胜这些人，世界永远不会进步。还有一些人，他们富有创新精神，能够不顾讽刺、谩骂、迫害，孜孜不倦地进行探索。然而，一旦他们的发明成功了，那些懒人便争相利用。

二百多年前，英国人就是这些革新者，他们日夜地研究、试验，永不停息地战斗着。他

⊙ 蒸汽机应用于采矿业之前，工人拿着抽水泵中的活塞手动抽水

们终于找到了解决办法：水蒸气。于是，蒸汽机诞生了！一个叫瓦特的英国人还通过自己的发明，让蒸汽机的工作效率大大提高。

这个发明引起了世界的巨大革命，它把人和牲畜从繁重的劳动中解放出来。抽水机可以日夜工作了，而动力的来源就是煤。

⊙ 在 1851 年的世界博览会上，英国展出了各种先进机器

　　英国成了蒸汽机王国。它利用丰富的煤和铁，建造了轮船、火车头、纺织机，在短短的时间内就成了世界头号强国。大不列颠帝国的形成相当程度上就是靠把铁和煤变成机器和动力。

　　煤的缺点是脏，它把环境、房屋和人弄得黑乎乎的。另外，由于煤层越来越深，工人一早便进入黑洞洞的矿井下干活，晚上才回到地面，总也见不到太阳。挖煤工简直变成了鼹（yǎn）鼠。

新的能源——石油和电出现了。石油就是液体的煤。因为它是液体，优越性就大多了。它可以从地下自动冒上来，通过管道像水一样流到炼油厂。它的能量大，又干净。只要把汽油装进桶里，可以方便地运到世界各地。"

"汽油就是石油吗？"

　　"不是。石油就是刚出地面的原油，经过加工，它可以产生出石油精、汽油、煤油、柴油、润滑油、杀虫剂、沥青等无数极有价值的东西。副产品达三百多种。

　　所以，现代人为争夺石油展开了激烈的斗争。石油出现后，随之而来的是更理想的动力——电。"

　　"什么是电？电是怎么产生的？"

　　"电，孩子，是一种看不见的力量。古人就发现，用毛皮摩擦琥珀后，琥珀便具有吸引小东西的力量。这就是电。发电机也是英国人发明的，他叫法拉第。"

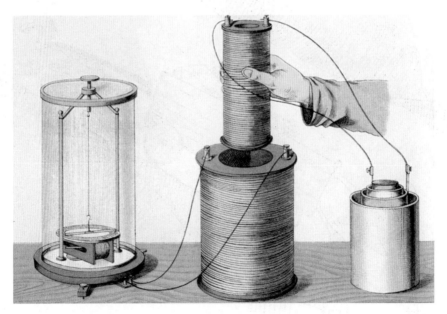

⊙ 法拉第的电磁感应实验装置之一

"什么是发电机？"

"发电机就是把蒸汽或水的力量变为电能的机器。"

"电有什么好处？"

"好处太大了。它可以通过一根细细的铜线输送到很远的地方去；没有灰尘，无嗅、无味，什么也没有。"

"不，姥姥。它会发出火花，会造成火灾。"

"对。电总是老老实实地在细铜线里行走。只要不惹它，它是极温顺、听话的。如果触犯了它，它会把人射穿，把房屋烧掉。"

这时娜斯塔霞婶婶进来了，打断了本塔奶奶的讲述，说："今天是怎么了？九点半都过了，还在这里瞎聊……"

本塔奶奶看了看表，然后说："好了，都去睡觉吧！明天一定把手的故事讲完。"

向前走还是往后退?

⊙ 帕潘发现了水蒸气里的巨大能量，并成为最先发明蒸汽机的人

第二天，本塔奶奶继续讲道：

"昨天讲了发明蒸汽机的瓦特，忘了另外几个在这方面做出贡献的人。法国人帕潘发现开水的蒸汽猛烈地冲击锅盖，他得出了蒸汽是一种可以利用的力量的结论。美国人约翰·菲奇曾致力于蒸汽船的研究，但因为事业拓展失败，他最后自杀了。

第一个火车头出现时，

引起了公众的愤慨，他们想捣毁那个'鬼东西'，一个可以不用人力或畜力自己跑的怪物。"

"多么有意思呀，姥姥！人的智力差距竟有这么大！有的能进行发明创造，而有的却愚昧到反对新鲜事物……"

"的确是这样，孩子。牛顿与一个普通人智力的差距可能要比一个普通人与牛之间的差距还要大。所以，绝顶聪明的人是不被人理解的，他们往往是苦恼的。有人说，每台新机器的出现就意味着一个工人的失业，所以他们要捣毁机器。其实，恰恰相

反，机器是把工人从体力劳动中解放出来了。当世界上的一切劳动都被机器所代替时，人类也就彻底解放了，他们只要指挥机器就行了。

种地是很辛苦的。我们的庄园原有五个工人，从早干到晚，累得精疲力竭。后来用上了机器，四个工人被解雇了。仇视机器的人只看到四个工人被辞退的表面现象，而没看到它解除了五个工人繁重劳动的痛苦。

当第一条石油管道出现的时候，仇视机器的人愤怒了，他们说成千上万名石油运输工人就要失去工作。他们不懂得机器是在造福全人类，石油运输工人还可以找到新的工作。

进步就是向前走，而不是倒退。机器是进步的具体表现。往往那些进步的受益者是首先反对进步的人。不少人著书写文章，大骂机器，其实，书报本身就是机器印出来的。

⊙ 工业革命时期，掀起了一场捣毁机器的运动，叫"卢德运动"

聪明就是理解，孩子们。有的人好像很聪明，但仅仅是好像而已；纸蝴蝶好像蝴蝶，但却不是蝴蝶。"

"我看起来像人，其实不是人。"布娃娃说。

本塔奶奶笑了。

⊙ 19世纪英国插画家威廉·希思想象的未来生活：右下角的乘客们坐在蒸汽机驱动的马背上快速前进；左下角的邮递员有了蝙蝠一样的翅膀，可以飞着传送信件；后方一辆蒸汽机车上写着"巴斯小镇和伦敦之间只需6小时"（两地约190千米，现在开车只要2.5小时左右）；后头格林威治山丘上的大真空管，可以把乘客直接送到孟加拉；而在孟加拉，还有通往南非首都开普敦的吊桥供人们往来；天上一条巨大的飞鱼正把罪犯从英格兰带到澳大利亚东南部的新南威尔士州。

"我们生活在一个很有趣的时代。许多发明使手的功能有了惊人的发展，但相当多的人的思维却远远落在后面。战争就是一个例子。用现代武器进行的战争与原始人时代用石头、木棒的互相残杀性质是一样的。科学前进的步伐会越来越大，但

⊙ 最早的电影海报之一，这是电影发明人卢米埃尔兄弟在为即将上映的某部喜剧所打的广告

战争不会停止，而且会更加残酷。冰川时代的到来促使人类加快了思维的速度，愚蠢的思想方法造成的现代战争和经济危机也会像冰川来临一样促进人类的思考，并产生同样的效果。冰川融化是自然灾害，人类已经有了对付自然灾害的方法。对于寒冷、炎热、饥饿、疾病，我们都有法子。战争是愚昧思想造成的，只有它的巨大危害使所有人都睁开眼睛时，我们才能最后制止它。

尽管这样，每个现代人还是享受到了发明创造的好处。现在每个普通工人的生活条件也要强过古代的国王。原始人最可怕的黑暗已彻底结束，每一家的夜晚都是灯火通明。收音机、电视、电影、电话丰富了每个人的生活……"

"每个人？可有的人还买不起收音机呀！"

"这没关系。只要我们坐在庄园的院子里，就能听到广播喇叭里动听的乐曲。古代的国王有这种福分吗？"

"真的，奶奶。我们能看到电影，在夏天还能吃到冰激凌。过去的国王真可怜，他们听都没听说过这些东西。"

"是的。每一个现代的普通家庭都享受着发明创造带来的方便的生活条件。就以我们的家为例，这里有多么舒适啊！除了神奇的收音机，我们还有娜斯塔霞婶婶的打蛋机、小佩德罗的钻、剪刀、罐头起子、笔、墨水、纸张、刀……"

"还有书……"

"对，还有记录人们的想象和感想的书，还有《大英百科全书》，有精美的壁画，有照相机，有登载着世界各地新闻的报纸……

总之，创造和发明给人类的生活带来了方便和舒适。如果同罗马人相比，我们是最富有的了。

但是，我们还缺少一种方式能让这些发明和创造平等地为所有的人服务。人类最大的发明将是：一个能满足大家的需要的社会制度。

好了。我们谈到了增加人类手的功能的发明创造，我们下面再讲讲脚。"

"脚，奶奶？"

"怎么？人类的脚也因发明而大大地增加了功能。"

"我不懂。"

"好好想想就懂了。一个原始人怎么从这里走到城市？"

"步行。"

"而我们呢？"

"乘汽车。"

"这就是答案。汽车增加了人类脚的功能。只要 15 分钟，我们就能乘车行完 20 千米，但只靠双脚走同样的距离，需要迈 4 万步。脚的功能不是大大提高了吗？"

给脚减负！

"在人的四肢中，可怜的脚像一匹负重的牲口，工作最辛苦。它成天同地打交道，而地上又少不了石头、荆棘。"

"一点也不错，奶奶！"小鼻子大叫道，"它一辈子都得驮着沉重的身体……"

　　"是的。如果人的脚能写下自己的回忆录，恐怕没有人看了不哭的。我们的体会更深，因为在我们这个国家，脚仍在受苦。巴西有成千上万人赤着脚，这同原始人是一样的。就在我们的庄园里，不知有多少人的脚被刺伤、扎伤。可怜的脚！巴西农民的脚多么可怜！……

　　而且，人类的脚比其他动物的脚受的苦更大。因为人的前肢得到了解放，变成了手，脚的劳动增加了一倍……

　　脚的第一个任务是负担身体的重量，第二个任务是行走。在原始人时代，这种任务尤其艰巨。那时野兽很多，脚不停地奔跑。有刺吗？有石头吗？这些都无法顾及。人体只要求脚以最快的速度奔跑。

　　脚的繁重劳动促使人们开动脑筋，想办法减轻它的负担。首先想到的是利用其他动物的脚——人学会了骑马。但是，做到这一点费了相当长的时间。毫无疑问，人一定是骑遍了所有动物。有的不让骑，有的咬人，有的蹦跳太厉害，最后才发现了温顺的马。

　　起初，马只是供人骑的。后来，人的家中有了工具、粮食，马又增加了驮东西的任务。直到今天，我们仍用牲口驮东西。

　　你们都知道，冰是很滑的，在冰上拉东西是比较省劲的。据学者们估计，大概在某个冰川时期，人发明了雪橇。这些雪橇一

○ 雪橇一度是寒冷地区的常用交通工具

开始可能只是一块板，后来装上了骨头做的滑板，这种工具至今在寒带国家仍很适用。"

"为什么不用木头做滑板？"

"那时骨头很多，遍地都是。因纽特人现在还用鲸的骨头做雪橇。

后来冰层融化，冰川消失，雪橇在土地上可成了累赘。拉不动雪橇，该怎么办？

我想，当时的人一定用木棍把牲畜痛打了一顿，认为是牲畜不卖力气。他们又帮着牲畜拉，或用手推雪橇，但雪橇仍是像生了根一样一动也不动。人们这才发现过错不在牲畜。

当时的人想呀想，用各种办法推拉雪橇，好不容易推动了一点。有一次，并没用多大力，雪橇竟前进了几米！怎么回事？

　　他们仔细寻找原因，最后发现雪橇下面有一根圆圆的木棍。他们再一次进行试验，雪橇果然又顺利地前进了一两米，但木棍却留在了雪橇后面。他们继续思考、试验，虽然在木棍的帮助下雪橇动了起来，但要不停地把木棍放到雪橇前面。如果能把木棍固定在一个地方，那就省事了。

　　终于，他们想到了办法。他们把两个木杈固定在雪橇的两边，再用木杈固定住圆木棍。这样尽管解决了一个大问题，但雪橇行动起来仍比在冰上费事得多。

有一天，不知怎的，一边的木杈里混入了油脂，他们发现圆木棍在里面转动得很灵活。油脂奇妙的作用被发现了，最早的润滑剂开始被人应用。那两个简单的木杈就是现代机器的祖先。

从那以后，雪橇成了两用工具，冬天在冰上，其他季节在陆地上，但必须放上木棍。

有一次，发生了一件有深远影响的事故。冬季不用的圆木棍被人不小心从中间烧断了，成了两个圆墩子。男人大发雷霆，责备妻子太粗心。但冰雪已经融化，一时又找不到合适的木棍，男

⊙ 这种带轮的陶瓷母牛是在乌克兰西部发现的，它的历史可追溯到公元前 3500 年左右

⊙轮子诞生了，于是有了自行车、汽车、飞机……这是最初自行车的样子，一场比赛马上要开始了

人只得用两个圆墩子凑合。结果，他惊奇地发现，雪橇的速度比原来大大加快了。后来，大家就将圆木棍从中间弄断，放在雪橇下面。

事情就这样慢慢发展着，直到轮子出现。轮子！神奇的轮子！"

"这有什么大惊小怪的，奶奶！"小鼻子说，"还不就是一个简单的轮子吗？"

10

会转的脚

"我的孩子，"本塔奶奶说，"看起来简单，实际却不然。人类经过了极其漫长的岁月才发明了轮子。

轮子出现了，但那时的人们绝对想象不到它产生的巨大社会影响。我们有千千万万台机器，没有一台不是靠轮子。你在纺织厂看到了什么？除了轮子还是轮子，大大小小的轮子，形形色色的轮子……"

"我去过纺织厂，姥姥。"小佩德罗说，"一切都在转，在动，让人眼花缭乱。"

"虽然眼花缭乱，但一切都有严格的秩序。早期纺织厂里机器旁边是锅炉，蒸汽通过管子推动活塞。知道什么是活塞吗？活塞就是钢做的塞子，它在强大的蒸汽力量的推动下来回不停地滑动……"

"就像我们玩的推人游戏。"小佩德罗说。

⊙ 工业革命以前的织布机（左图）；工业革命后纺织厂的纺织机（右图），它一天能纺出的线是老式纺织机的千万倍

　　"活塞滑动后通过一根杆子带动轮子转动，整个机器就开始工作了。"

　　"上一次我参观纺织厂时什么也不懂，姥姥。我一定要再去参观一次。"

　　"在大工厂出现前，工人们不是像现在一样在一起工作，那时候老板提供原料，出租机器，工人在家中加工。后来有了蒸汽和电，繁重的工作落到机器的肩上，工人们只要操纵机器就行了。

　　你们看到了，蒸汽和电产生了力量，轮子和杠杆将力量进行适当的分配，这就是机器。机器可以从事各种工作，而且准确无误。手表里有那么多极小的轮子，但机器可以把它们做得一模一样。人的手是绝对办不到的。"

"机器不也是手吗？"

"是一种机器手。再例如缝纫机，针一上一下，针脚一样大，谁的手能缝成那样，速度又那么快？大自然给了人们一双手，而大脑又将手机械化，使手的效率提高了千万倍。

扯得太远了，今天的主题是脚，我讲到哪里了？"

"讲到了轮子。"小鼻子提醒说。

⊙ 1881 年，法国人发明了电动汽车，速度仅 12 千米每小时。电动汽车虽然比燃油汽车更早诞生，但没法开长途，发展一度停滞

⊙ 1885 年，卡尔·本茨发明了汽油内燃机汽车，因此被誉为"汽车之父"。上图是他和妻子坐在早期的奔驰车上

"对。轮子诞生了，尽管很粗糙，但总算是诞生了。万事开头难。当一件发明诞生了之后，它就会发展和完善起来。没有原始的轮子，也就不会有现在的汽车和飞机。"

"轮子和飞机有什么关系？"

"关系可大了。螺旋桨就是一种轮子。但轮子在拉丁美洲出现得很晚，当第一次看到外国殖民者的车辆时，印第安人都吓坏了。车辆首先要行驶在平整的道路上，有些国家没有这种道路，只得用牲口驮东西。牛车不用很好的道路。它走得很慢，但拉的东西不少，而且极稳当，总能平安到达目的地。

古代很多地方的人——埃及人、罗马人、希腊人和巴比伦人都崇拜车子，把它视为神圣的东西。罗马人还修建了很好的道路和石头桥。"

"姥姥，桥是为了手还是脚而发明的？"小佩德罗突然问道。

"当然是脚。什么是桥？"

"桥，桥是……是架在空中的路。"

"对了。如果道路遇到了河，路就断了，断了的路就是死胡同，人类必须发明一种河上的路。最初的桥是天然形成的。森林中的大树倒了，树根在小河的这边，树冠在小河的那边。

人类按照大自然给予的启示，把笔直的树干横在河面上，为了防止转动，用斧头把表面削成平的，这样脚走起来也稳当。

但树干只能解决小河的问题。大河呢？人们就在河中立下木桩。罗马人更聪明，他们建造了结实的石桥。

有了桥，人类不用湿脚就能过河了。"

"人们的'铁脚'——火车是怎么发明的？"

"火车的发明很有趣。有了蒸汽机后，英国人就想用它拉车。他们把蒸汽机放在一个地方，在机器的轮子上缠上一条长绳子，再用绳子拉动车辆。这个方法很笨，不适用于长距离。史蒂芬孙想了个好法子：把蒸汽机放在车上。但是，你们无法想象他遇到

⊙ 坐落于法国加德河畔的加德桥，修建于古罗马时代，它不仅是一座石拱桥，还是一条超长的引水渠。桥拱不仅用于支撑桥体，它内部的空心构造还可以充当管道，将上游的水输送到下游的城市中。

了多大的阻力。老百姓把这种会跑的铁马当成魔鬼，英国政府也百般阻挠，说铁家伙在路上跑起来会带来危险。政府甚至颁布了一条法律，规定火车前面必须有一个人骑在马上开路。"

"什么？我不明白……"小佩德罗说。

"就是这样。一个人骑在马上，手里举着一面旗，跑在火车的前面，通知路上的行人。这种措施显然阻止了铁路的发展，学者们也论证说这项发明是荒谬的。

但是，史蒂芬孙坚持斗争，终于在 1825 年取得了胜利。他发明了有轮子的火车。但要使火车跑得快，需要一种平滑、结实、不怕雨水的道路。怎么办？史蒂芬孙想到了两条平行的铁轨。现在这种铁路已遍布全世界。"

"我真敬佩发明家的坚韧和勇气，姥姥。不论困难多大，他们从不灰心。"小佩德罗评论说。

"他们是令人钦佩的，小佩德罗。发明家与一般人不一样，一旦他们有了一个想法，就再也不想别的。自然界的人类就是有那么大的差距：发明家生来就一心一意搞发明，画家一心一意画画，音乐家谱写歌曲，而庸人却阻挠世界的进步。发明家、画家、音乐家忍受着一切艰难困苦，但最后的胜利总是属于他们。他们只占少数，多数人会把他们当成疯子。

他们也确实是疯子。他们把全部生命贡献给人类的进步，没有点疯劲是做不到的。有什么办法呢？他们的命运就是发明，就是创造艺术品，就像玫瑰的命运是绽放玫瑰花。你看玫瑰的命运！孩子们折它的枝子，山羊吃它的叶子，但是，只要时令一到，它就献出艳丽的花朵。发明家、艺术家和玫瑰总是以德报怨。"

"玫瑰还可以用刺自卫呢！"小鼻子说。

⊙ 火车发明人史蒂芬孙

"一种可怜的自卫。艺术家、发明家和学者也有自卫的方法——逃避。英国的哲学家斯宾塞曾用棉花把耳朵堵上。"

"为什么？"

"为了不让胡言乱语玷污了他那探索人生的纯洁大脑。

轮船是火车的必然发展。美国人富尔顿首先把蒸汽机用于水上工具。但是，当富尔顿产生这个想法时，多少人讥笑过他！疯子！白痴！包括拿破仑听说富尔顿能造一艘可以穿越英吉利海峡的大船时，也大笑不止。但是现在，没有一条航道上不行驶着富尔顿发明的轮船。"

⊙ 1807年，富尔顿发明的蒸汽船"克莱蒙特"号在哈德孙河试航成功

"最早的船是什么样子？"

"别着急。人们从漂浮在水面上的树干得到启发。但树干滚来滚去，不稳定。后来，原始人用火在树干中间烧空一块地方，这就是原始的独木舟。起初人们用手划水，但这太费力，划水的力量又小，后来想到用木板使手延长。好了，船只出现了。罗马人的大船用许多奴隶划桨。

有一个人划着独木舟，在河心丢了桨。他拿起一块兽皮迎风而立，发现船飞快地行驶起来，这就是帆。在16世纪，航海家就是乘着帆船发现了一块块的新陆地，海上贸易也发展了起来。

⊙ 19世纪英国插画家罗伯特·西摩创作的漫画《有点小麻烦，没有完美的事》。画家担忧新发明可能带来空气污染、交通拥堵等新问题，这也是发明家要面对的难题之一

轮船运走了我们的红木，从印度运来了珍宝，从非洲运来了奴隶，从欧洲运来了殖民者。"

"台阶也是脚的工具吧，姥姥？"

"对。有了台阶，我们可以爬到高的地方去。如果有一条从地球到月亮的台阶，我们就可以登上月球了。"

"可我们永远也上不去。"小佩德罗说，"据我所知，到月亮的距离是38万多千米。如果每级台阶20厘米，一共有……"

"19亿多的台阶。"小鼻子抢着回答。

　　小佩德罗也不甘示弱："如果每天爬 1000 级台阶，一共大约要爬 190 万天，也就是 5300 年左右。如果恺撒大帝像我这么大就开始爬，现在还没爬到一半。爬到月亮是不可能的，姥姥。"

　　看到孩子们开动脑筋，本塔奶奶笑着说：

　　"你们说得对，凭我们一双肉脚登上月球是不可能的。如果有某种发明进一步增加脚的功能，说不定就能上去。人类只能走很短的距离，但现在的飞机每小时大约飞 900 千米。如果我们用能飞的脚登月球，需要……算算要多少天。"

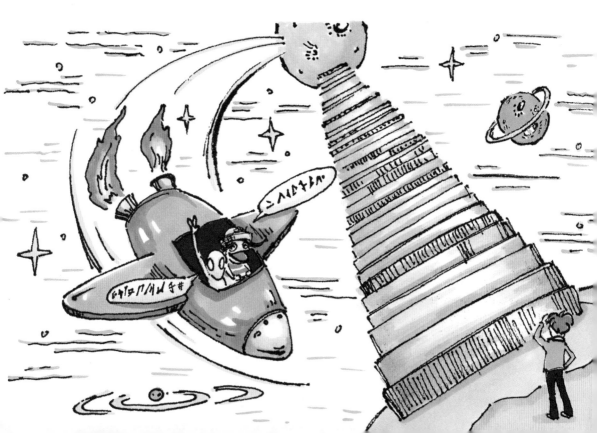

“17 天半！”艾米莉亚抢先说。

“只有 17 天半？”小佩德罗不相信。但他运算的结果与艾米莉亚是一样的。他不禁惊叹万分。

“孩子们，但实际上人类第一次登上月球只用了 8 天，这是美国宇航员创造的纪录。”

11

会飞的脚

第二天的话题仍然是脚。

"罗盘是一项大发明，它使航海家准确地判断方位。在此之前，人们靠天上的星星，但一遇阴天就坏了。

有了罗盘和汽船，人们才算完全征服了海洋。现在只剩下天空了。"

"人真是贪得无厌，"小鼻子说，"永远也不满足！"

"这正是人类不断进步的原因。人们的欲望是无止境的。追求，再追求，这是人的座右铭。"

"什么时候才是止境？"

"不知道。一种神秘的力量激发人们前进，无法预测终点在什么地方。人类的进步就像山顶上下落的石头，速度越来越快。"

"可是石头总有落地的一天呀！……"小佩德罗说。

"石头绝不会因为总有一天要落在地上而停止下落。同样，

人类的进步也不会因为任何流言蜚语而停止。

比如说天空。千万年来，人类把天空当作可望而不可及的领域，那是鸟类的王国。但是，有一天，人类想道：既然我比鸟更聪明，为什么鸟能飞，我不能飞？

人类妒忌鸟类的生活。天空是自由的大道，没有灰尘，没有坑坑洼洼。冬天到了，鸟儿飞到温暖的地方；夏天到了，它们又回到凉爽的地带。

千百个世纪以来，人们梦想着飞上天空。

中国人发明了风筝，这足以证明人们的向往。但是，向往与现实之间有一段距离。人类伟大的天才、意大利人达·芬奇设计过许多飞行器械，但他找不到飞行的动力。

后来，人们想到利用热气把气球送上天空。人类很早就发现热气比冷气轻，火炉的烟总是向上冒。

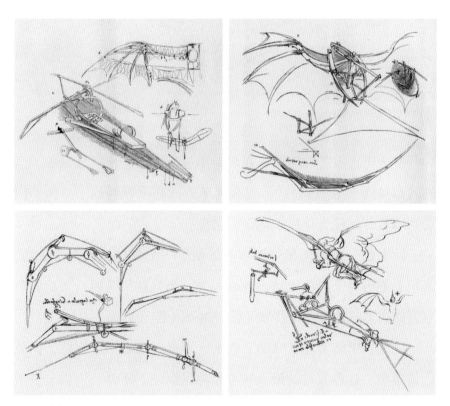

⊙ 达·芬奇设计的飞行器

⊙ 由古斯芒设计的飞艇

　　一个叫古斯芒的巴西人在里斯本进行了第一次气球试验。他的气球被命名为'大鸟'，上升到屋檐的高度就爆炸了。他不但受到嘲笑，还被当作疯子而受到迫害。

　　后来的一对法国兄弟用布和纸做了一个气球，取得了成功。人们看着冉冉上升的大球，惊奇万分。当气球下落时，当地农民拿着锄头追赶那个空中怪物，成群的孩子跟在后面。

　　更大、更结实的气球随之而来，下面还吊着一个座位，供航行员乘坐。这种气球的最大缺点是随风飘动。于是，人们又着手研究一种控制气球方向的东西。但是，官方的学者出面干预，他们断言控制气球方向的想法是荒唐的。

　　然而，终于有一天，居住在法国的巴西人桑托斯·杜蒙用氢气充满了气球，又在圆柱形的气球顶端安上了一个螺旋桨。他驾驶着气球绕巴黎有名的埃菲尔铁塔转了一圈后，原地降落。

　　飞行的成功引起众人一片惊恐，但发明家并不满意。

　　热气球和飞艇因比空气轻而上升，但小鸟比空气重为什么也能飞起来？能不能设计一种比空气重的飞行器呢？无数的'疯子'被这个念头弄得入了迷。

　　那些'疯子'不顾政府和世俗之人的反对，坚持试验。许多人摔死了。有的官方学者在报纸上幸灾乐祸地说：'摔得好！我不是早说过，比空气重的东西上不了天？'

⊙ 1783 年法国蒙戈菲尔兄弟发明的热气球

杜蒙仍旧埋头研究，后来他又成功地驾驶比空气更重的'蜻蜓'小飞机进行了飞行。

老百姓忘掉了过去对发明家的嘲弄，狂热地向他欢呼。官方的学者们也一声不吭灰溜溜地躲起来了。这是那一年欧洲最大的事件。

美国人莱特兄弟也进行了类似的试验，并先于杜蒙获得了成功。虽然他们并不相识，但欧洲和美洲的发明几乎是同时产生的，这种例子还有很多。

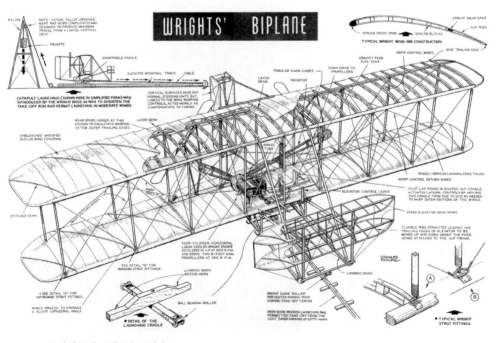

⊙ 莱特兄弟双翼飞机的海报

⊙ 在 20 世纪想象 21 世纪的飞行日常

　　从那以后，飞行器具发展的速度更快了。法国人布莱里奥驾驶着自己制造的飞机越过了英吉利海峡。英国人吓呆了。他们世世代代安全地生活在与外界隔绝的岛上，没有他们的允许，谁也踏不上他们的国土。现在布莱里奥未经许可，擅自从空中闯了进去。英国人担心了：'既然一个人能闯进我们的家园，一千个人就能闯进去。'天然屏障不那么顶用了，他们也开始研究飞行。

　　英国人的担心在第一次世界大战中被证实了。英伦三岛已经不是无法接近的堡垒，伦敦无数次遭到德国人的轰炸。因为当时，德国人发明了同样能够飞行的飞艇，在上面装了可怕的炸药和毒气。"

　　"是谁发明了飞艇？"

　　"德国人齐柏林。那是用铝做的一个庞然大物，能载很多东西和旅客。

再后来，飞艇被淘汰了，乘飞机旅行成了最时髦的事，圣保罗的一个作家乘飞机去了一趟欧洲，回来后绘声绘色地向我描述了一番他一生中最非凡的经历。尽管我老了，我也决不放弃坐飞机的计划。"

孩子们热烈鼓起掌来，"大家都坐着飞机到世界各地转转该有多好！"

"对，我们全体去！犀牛也去。什么时候动身？"

12

形形色色的嘴

　　本塔奶奶又讲了许多关于飞机的事，她说飞得越高，速度越快。因为越高，大气层的空气越稀薄，阻力越小。

　　"脚谈得不少了，下面我们说说嘴。什么是嘴？"

　　"是身体最重要的部分，因为没有它，人不能吃饭，也就无法活。"小佩德罗回答。

　　"嘴还能说话呢！"小鼻子补充道。

　　"但最主要的是吃饭。哑巴不会说话，但可以活着。但人要是不吃饭，就活不成了。现在还没有发明'会吃饭的手'。"小佩德罗坚持己见地说。

　　"好了，"本塔奶奶笑着说，"都有理。嘴可以吃饭，保证人的生命；在这一点上，人同动物没有区别。但是能否说话却是两者的区别。"

　　"动物也说话呀，姥姥！"小佩德罗说，"只是我们听不懂就

是了。两只蚂蚁见了面，一定要谈一会儿，我见过许多次。"

"是的，动物也有语言，但那是种十分初级的语言，无法同人的语言相比。总之，在这方面我们要比其他动物高级。

语言怎么产生的？可能是自卫的需要。天上来了老鹰时，老母鸡要通知它的孩子赶快躲起来。我想，鸡的不同叫声就是语言。人类遇到惊吓时也会叫起来，目的是给自己壮胆，也通知别人。

自然界中有各种各样的危险，动物的惊叫也就发展起来了，只是人类的发展最大。

危险有两种，一种看得见，一种看不见。看不见的危险更吓人，因为它神秘。所以，人们害怕黑暗，原始人因此想象出了神和鬼。"

"姥姥，巴西就有一条腿的小鬼树精。"小佩德罗说。

"对，有树精、狼人、无头马……其实，这都是人们的想象，是黑暗造成的。大城市到处灯火通明，孩子们不知道害怕什么鬼怪。农村的路上很少有路灯，黑漆漆的，鬼怪们也就神气起来了。

白天的野兽、晚上的鬼怪是原始人害怕的两种东西，解决的办法是喊叫。人们曾用喊叫吓退过野兽，他们也用同样的办法对付鬼怪。

但是，喊叫耗费力气，人类就想发明一种扩大声音的工具，于是出现了鼓。原始人把兽皮固定在一块空心的树干上，日夜敲个不停，用以驱赶鬼怪。后来，许多原始部落的人用铃代替了鼓。

⊙ 这是北欧神话中彩虹桥的守护神海姆达尔，同人类一样，在遇到紧急情况时，他就会吹响手中名为"加拉尔"的号角，通知众神伙伴前来支援

　　海边的礁石对海员的威胁很大。起初，在有礁石的地方日夜有人值班，船一靠近，值班人员就高声喊叫。后来，他们用声音传得远而且更省劲的号角代替了喊叫。

　　但是，在暴风雨的夜晚，号角也不顶用了，需要一种带光的东西向船员指示危险。"

"灯塔！"

"对。在灯塔出现之前，人们曾用火作为信号，建于公元前300 年左右的亚历山大城灯塔最有名，被公认为世界七大奇迹之一。它存在了 1600 多年，后来毁于地震。

到了阴森的中世纪，灯塔或成了废墟，或成了庙宇，世界又陷入黑暗中。后来，欧洲人重建了灯塔，而且是用能量极大的石油和电照明。但是，灯塔的光线穿不破浓雾。直到无线电出现，导航的问题才算完全解决。

⊙ 亚历山大灯塔是世界著名的七大奇迹之一

经过了漫长的岁月，人类才解决了传递信息的难题。人们还曾用视觉帮助嘴传信。在发明无线电以前，船与船之间的联系通过旗语，据说古代的特洛伊城被希腊人占领时，消息是用烟传到雅典的。"

"烟？"

"人们在高处点上一个个火堆。"

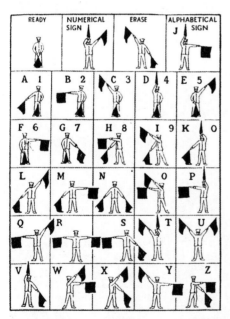

⊙英国海军1918年使用的旗语。第一行四个旗语依次表示："准备""之后打出的旗语为数字""前一个旗语不算"之后打出的旗语为字母"。其余几行每个旗语可表示一个字母或数字。将几个旗语按顺序打出，便可以组成一句话

"火堆冒出的烟也不会说话呀！"

"希腊人在攻城前就预先商定好了，烟代表胜利。但这种方式是落后的，一下雨就坏了。更先进的方法是电报，是美国画家摩尔斯发明的，它可以用代表文字的符号把消息传到很远很远的地方去。"

"奶奶，电话我懂，就是我们说的话沿着一条细线从一个地方走到另一个地方。电报和无线电我就不懂了。"

114

"这是不好懂。声音可以产生一种波，德国人赫兹发现了这种波的传播规律，所以他的名字也就成了波长的单位。意大利人马可尼发展了赫兹的成果，发明了无线电报。

⊙ 马可尼第一次用他发明的无线电系统传输电报

由此可见，发明之间是有联系的。无线电报产生了无线电话，之后又有了短波电台。我们在这里就可以听到欧洲或亚洲的声音，多么有趣！"

"谁发明了电话？"

"许多人进行过这方面的研究，但最有成果的是美国波士顿一所聋哑学校的教师，他叫贝尔，贝尔在英文中的意思是铃，所以铃就成了电话公司的标记。"

"啊，我明白了！"小佩德罗叫起来，"我以前见过这个标记，现在才明白。"

"过去，人的声音只能传几十米，这位教师把人的声音送到了远方。

⊙ 1915 年的一部无声电影中，演员模仿贝尔使用人类历史上的第一部电话

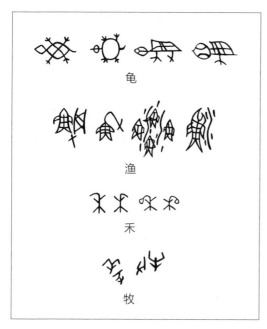

⊙ 甲骨文中龟、渔、禾、牧的不同写法

无数神奇的发明进入了我们的生活中，我们已习以为常，没有人大惊小怪，好像这些东西从来就是这样。比方说，什么是文字？"

"文字是记录人们思想的东西。"

"怎么产生的？"

"……"

"学者们为此绞尽了脑汁。古代人发展了语言，大家通过口可以交流思想。一种声音表达一种思想，但在不同的部落，表达的意思是不同的。但是，如何把这些声音记录下来？

最开始是用图画。在原始人的洞穴里，发

现过刻在石头上的各种图画。

中国人是最先学会用符号记录语言的民族之一。中国字有 4 万多不同的汉字和符号，一个学生要全部记住，恐怕要用一辈子的时间！

埃及人发明了用符号组字的方法，这是一个进步。最大的进步是拼音的出现，腓尼基人发明了二十几个字母，可以组成所有需要的字。"

"怎么发明的？"

"腓尼基人最擅长经商，从一个地方低价买了东西，到别的地方高价卖出。他们接触许多人，有许多东西需要记录。他们发明、完善和简化了符号，终于找到了拼音文字。文字的出现是个了不起的进步，使我们能读到几千年以前的东西，也使将来公元三千年的人们能读到我们的东西。

有了文字以后，很快就有了书，有了报纸，有了打字机、录音机和有声电影。多么了不起的发明！现在我们说的话，一千年以

英语	希伯来语	腓尼基语	古希腊文	古希伯来文
A				
B				
G				
D				
E				
F				
Z				
H				
Th				
I				
K				
L				
M				
N				
X				
O				
P				
Q				
R				
S				
T				

⊙ 约公元前 1493 年，腓尼基字母被引入希腊，后来这些字母逐渐演变为通行全欧洲的罗马字母

后的人仍然能听到。我们甚至能把一张图画、一张照片传到欧洲。"

"怎么传？"

"通过无线电。过去我们要得到一张图画的艺术品，需要把图先刻在石头、木板或金属上，然后再印刷。不但费事，而且容易走样。现在可以照相，经过处理，就得到和原版一模一样的东西。

照相的发展产生了电影。把一个场面连续拍摄几千次，就能得到有活动效果的画面。后来又有了有声电影。"

⊙ 日本女匠人正在制作浮世绘。浮世绘是日本风俗画，需要先在木板上雕刻出画面，然后再印刷到纸上

⊙ 电影的灵感来源于一场打赌：马在狂奔的时候四蹄会不会全部腾空？摄影师迈布里奇听说后，用24台照相机拍下了马狂奔的照片带，有人快速抽动照片带，发现静止的马竟然跑了起来！后来的发明家在这件事的启发下发明了电影

"真的，奶奶！我看过一个非洲电影，上面有狮子、老虎、很大的蛇、长颈鹿、大象、成群的猴子，又跳又叫，观众就像到了非洲。现在旅行真没意思，因为不用出家门就可以看到一切，听到一切……"

"说得不错，孩子，现在的世界真是日新月异。过去，谁要听音乐，必须到大城市的剧场去。现在有了电视、收音机，我们每时每刻都可以听到音乐，而且还可以选择，一会儿阿根廷的，一会儿德国的，不想听了，就关掉，方便极了。我经历过没有这些东西的时代，我珍惜这些发明。你们生下来时就有了一切，也就不当一回事了。"

13

可怜的鼻子

第二天，本塔奶奶讲起了鼻子。

"可怜的鼻子！在所有的感觉器官中，它最落后、最难看、用处最小。人要一感冒，鼻子就遭殃了。可怜的鼻子，它的作用是闻味。"

"还能架眼镜。"小鼻子说。

"对，还被眼镜当马骑。但是，动物的鼻子用处就大了。它们都有灵敏的嗅觉，老远就能嗅到敌人或猎物。动物要丢了鼻子，生活起来困难就大了。

鼻子的一切都是不幸的。诗人们赞扬眼睛、口、手，没有人歌颂鼻子。唯一想到它的是医生，因为它的毛病最多，一着凉就流鼻涕。

至今好像没有太多加强鼻子功能的发明，大家很难想到它。"

这时，艾米莉亚打了个喷嚏，大家都笑了起来。

14

不受重视的耳朵

"耳朵呢，奶奶？"小鼻子问。

"耳朵也是不受重视的器官之一，但处境要比鼻子好得多。近代有些增强耳朵功能的发明，助听器是直接为耳朵服务的，麦克风增大音量，使耳朵听到原来听不到的声音。

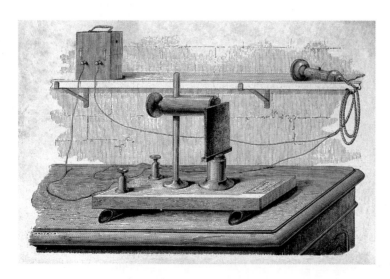

⊙ 早期的
麦克风

122

⊙ 在雷达发明
之前，人们用
这种"防空听
音器"来听敌
方飞机的声音

　　在战争中，为了及早发现敌机，人们发明了捕捉飞机马达声的机器。水是传声的良好介质，很早人们就学会了利用水的这一特性。另外，医生借助听诊器，可以听到肺部的病变……"

15

从瞎子到千里眼

"今天该讲什么了？"第二天，本塔奶奶一入座，小鼻子就问。

"今天讲眼睛，我们身上最神奇的器官。眼是视觉器官，什么是视觉，不用多解释，只要把眼睛闭上，你们就明白了。"

孩子们都闭上了眼睛。

"太可怕了！"小鼻子睁开眼说，"看不见东西太可怕了，奶奶！"

"但是，有的动物完全是瞎子，却能生活得很好。它们有其他极灵敏的器官弥补没有眼睛的缺陷。

人生活在一个空气大海洋的底部，白天我们能看到东西，因为有阳光，而眼睛又对光线特别敏感。

眼睛的构造是神奇的，至今，人类还没有发明代替它的机器。

　　原始人发现，只要太阳一落山，他们就好像闭上了眼睛，所以，黑暗就等于闭眼睛。而且，当他们闭上眼睛时，最容易受到野兽的袭击。因此，太阳一下山，原始人就立即躲进山洞。

　　后来原始人学会用火，火使黑暗变得明亮，减少了被野兽袭击的危险。夜晚，他们习惯在洞中点起篝火，心中感到很安全。野兽在火堆的周围转来转去，感到莫名其妙，不敢靠近。

　　在同黑暗的长期斗争中，原始人发现了油这种燃烧力极强的物质。他们用动物的油脂做成火把，这样燃烧的时间就长了。希腊人喜欢用火把，在荷马的诗句里就有描写。

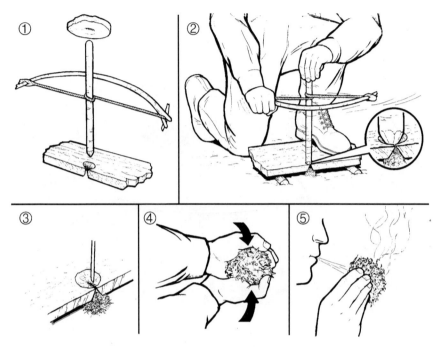

⊙ 钻木取火的步骤：①制作弓弦钻；②弓弦钻使用方法；③收集钻出的带火星的木屑；④将带火星的木屑放在干草上；⑤对干草吹气，使火星点燃干草

后来火把逐渐发展为现在人们仍在用的油灯。起初用的是鲸油，后来用植物油，现在用的是便宜的石油。

尽管油灯产生令人讨厌的烟，但人类却用了它几千年。蜡烛的发明是一大进步，现在我们仍能在教堂里见到它。但是，蜡烛的光线微弱，而且又贵，于是，人们想到了煤气。

在法国革命时，气球有了新的发展，被用来从高空观察敌人的活动。一位物理学家在用煤气充气球时，发现它能燃烧照明，于是出现了煤气灯。

开始，人们对那个'鬼东西'感到害怕，政府也反对，德国科隆市的长官谴责煤气灯亵渎教会，是危害国家的东西。"

"为什么？"

⊙ 伦敦蓓尔美尔街刚装上煤气路灯的场景，画中展现了当时人们对路灯的不同反应。最左边那位"万事通"的绅士对身边的女士说："煤变成蒸气时会产生焦油或涂在房屋外面的油漆，产生的烟用水分离后，变成了你所见的燃气。"旁边大肚子的男人却对女士说："亲爱的艾拉，如果真像这位男士所说，从水中变出火来，那我们很快就能看到泰晤士河和利菲河（贯穿爱尔兰首都都柏林的河流）两岸烧个精光，还有那些可爱的小鲱鱼和美丽的鲸都会化为灰烬！"穿蓝衣服的乡下人对身边的朋友说："我的天啊，兄弟，这光多炫啊！咋没见村里有这么亮的灯呢！"而他旁边的人可能是个虔诚的教徒，回复道："是的，兄弟，但须知光芒靓丽浮其表，徒有虚荣不走心啊！"一旁的穿粉裙的女人在抱怨："如果这些灯要一直亮着的话，我们就没法做生意了，估计连店都得关张了。"

"因为上帝制造了白天和黑夜，改变它就是邪恶。如果人民每天都在明亮的灯光下生活，他们就会对国家大庆时的灯火失去兴趣，所以是危害国家的。"

"人类的愚蠢有时真难以相信。"小佩德罗评论道。

"一点也不错。尽管阻力很大，但煤气灯还是取得了胜利，在家家户户普及起来，许多大城市的路灯也用上了煤气。后来有了电，煤气照明才宣告结束。电灯不但经济，而且干净。

但是，灯的出现损害了人的视力。当初，大自然在造眼睛时并未预见到人造光明打破了黑暗。人们在夜晚读书、工作，眼睛可受不了了，视力迅速下降。

人们需要一种东西，增强下降了的视力。"

"眼镜！"小鼻子抢着说。

"对。英国学者培根发明了眼镜。开始，大家感到戴上眼镜很好看，于

⊙新发明——眼镜。画中几乎所有人都在做着与眼镜相关的事

是，不管需要不需要，都争相购买眼镜。有的戴上眼镜，完全是为了冒充'有学问'。他们说：'瞧，我读书都把眼睛读坏了！'

读书多的人一般都戴眼镜，老人也是。眼睛同其他器官一样，随着年龄的增加而衰老。没有这两个玻璃片，我什么也不能读。

电不但结束了家庭和街道的黑暗，而且大大增强了人类的视力。探照灯可以发出极强的光，即使在漆黑的夜晚，人们也能发现远处的飞机。

夜晚天空中闪烁着星星，它引起人们美丽的幻想。于是，出现了专门研究星体的天文学家。特别是在巴比伦、埃及和希腊，这门科学是很发达的。但他们观察星体用的是肉眼。"

"有人造的眼吗？"

"有。有的东西大大增加了人的视力，可以称它为'人造眼'。培根首先有过这种想法，但是，第一次使用玻璃观察远方的是荷兰人。

⊙ 古巴比伦人正在用眼睛观察星体

后来，这种玻璃落到意大利人伽利略手中，他把它改进成为望远镜。通过望远镜看星星，星星离眼睛近多了。

伽利略用望远镜观察天体，发现当时关于地球是宇宙的中心、太阳围着地球转的看法是错误的。他的学说遭到教会的反对，最后被迫闭上了嘴。

但是，愚蠢的暴力阻挡不住科学的进步。真理在意大利人手里，现在已经没有人再说地球是不动的了。

现代人大大地完善了伽利略的望远镜，通过高倍数望远镜，人们把月亮看得清清楚楚了。"

"什么是望远镜？"

"就是把许多镜片组合在一起，专门用来看远的和大的东西。如果用来看近的和小的东西，那就是显微镜。"

"我真想拥有一台显微镜。"小佩德罗叹息道。

⊙ 19世纪最大的望远镜——墨尔本望远镜

⊙ 物理学家罗伯特·胡克设计的显微镜，各部分分别为：①夹子（将物体夹住插到载物台的钉子上）；②目镜；③镜筒；④螺旋调焦器；⑤物镜；⑥载物台；⑦聚光透镜；⑧盛水的玻璃瓶；⑨煤油灯

"等咖啡涨了价，我就买一台。"

"我要一架望远镜。"小鼻子说，"晚上用它来看天上的星星，一定很好玩。"

"那倒是真的。用伽利略那架望远镜，能看到遥远的星体。后来，科学家还发现了超过 10 亿个像银河系一样的星系。"

"超过 10 亿个？这么多，奶奶？宇宙真是大得不可思议……"

"我的孩子，不要想这个问题。宇宙是太大了，在这些星系里，有的比太阳所在的银河系大 800 万倍。"

"哟！"小佩德罗瞪大眼睛说。

⊙ 古埃及顿德拉神庙（建于公元前 120 年至公元前 34 年）中的黄道十二宫，它与如今流行的
十二星座已基本接近

"人类是伟大的，孩子们。人类测定了星球间的距离，测定了它们的重量，发现了许多星系，看到了肉眼看不到的东西，并能高速地在空中飞行。人类创造了无数的奇迹，但是，有人却说人类不懂得吃饭。他们认为人类什么都吃，而且还用火进行破坏。例如，人们把牛奶煮沸，其实，那已经不是牛奶，而是牛奶的尸体。在这些人眼里，我们每天都在犯这种错误。他们觉得反而那些被认为是低级的小动物却极会吃饭，当人类都像蜜蜂那样会选择食品时，所有的药房就该关门了。"

"这些人真是说胡话，食物不做熟就吃，恐怕我们只能住在厕所不出来了。"小鼻子说。

"姥姥，你讲得太累了。"小佩德罗说。

"对，该让奶奶休息了！"孩子们齐声说。

洛巴托小传

1882 年 4 月 18 日，洛巴托出生在巴西圣保罗。童年时代，他就十分热爱写作，偶尔会给学校校刊投稿，这是他写作生涯的开始。大学毕业后，他当过记者，做过翻译，还成立了巴西第一家出版社：蒙特洛·洛巴托出版公司。在此之前，巴西的书籍都是在葡萄牙印刷的。他是巴西出版业的创始人。

1927 至 1931 年，他出任巴西驻美国使馆的商务参赞。在美国的见闻，让洛巴托认识到，巴西是一个有丰富自然资源的国家，这些东西有朝一日一定能让这个国家走向繁荣。于是，回国后，他创建了巴西石油公司和钢铁公司，并积极主张开采石油和铁矿，改变巴西内地的贫困状态。

在闲暇时间里，洛巴托喜欢画水彩画，也喜欢摄影，国际象棋更是他的最爱。有了孩子后，洛巴托偶尔也会给孩子们讲讲小故事，但他发现，自己给孩子讲的通常都是外国的故事，巴西本国的东西很少。

　　那时，洛巴托已经是巴西有名的大作家了，他出版过多本成人畅销书。即便如此，洛巴托还是毅然决然地把自己的写作重心转移到了少儿读物上。影响了巴西好几代人的儿童系列故事《黄啄木鸟庄园孩子们的冒险故事》就是在这样的背景下诞生的。洛巴托将自己的全部个性和追求寓于艾米莉亚之身，这个布娃娃讲出了他想要说的一切；本塔奶奶是善良的象征，她接受孩子们的想象和改变世界的一切发明创造；娜斯塔霞婶婶是一无所知的成年人，在她眼中一切新鲜事物都是惊人的；老玉米子爵是一位深信书本知识、固守成规的学者；小鼻子和小佩德罗是昨天、今天和明天儿童的象征，他们思想解放，追求幸福，相信未来，勇于用实践检验前人的一切经验。洛巴托的作品想象力丰富，他创作的黄啄木鸟庄园成了孩子们的天堂。在那里，孩子们的思想可以纵横驰骋，没有约束，没有疆界，没有成见。

　　同时，洛巴托也希望能够帮助学校里的孩子们，让他们用一种更为轻松的方式去了解课本上那些枯燥的知识。所以，他又陆续出版了一系列历史、地理故事集。这些故事既有创造力，又不乏幽默感。

　　这一点正好与步印童书馆的出版愿景契合，正因为此，步印童书馆将引进出版洛巴托的大部分作品。我们对原著中因为文化背景的差异，带来的部分难以理解的内容，如葡语中的民谚

俗语、测量单位等，进行了修改或注解，尽可能贴合中国读者的阅读习惯。此外，由于一些学科知识会随着时间的推移而不断演进，我们修订了著作中的部分表述。为了方便阅读，也为保留和体现原作中文字的流畅性，这些修订没有在文中一一注明，敬请谅解。

与此同时，我们还重新设计了《黄啄木鸟庄园》里的人物形象，创作了富有想象力的插画；部分著作还配有珍贵的历史图片，期望带给孩子更加丰富多彩的阅读体验。

步印童书馆

2020 年 6 月